Jarnail Singh
Kaushal Kumar
Paramvir Yadav

Conformação de metais: Um conceito materialista

**Jarnail Singh
Kaushal Kumar
Paramvir Yadav**

Conformação de metais: Um conceito materialista

ScienciaScripts

Imprint
Any brand names and product names mentioned in this book are subject to trademark, brand or patent protection and are trademarks or registered trademarks of their respective holders. The use of brand names, product names, common names, trade names, product descriptions etc. even without a particular marking in this work is in no way to be construed to mean that such names may be regarded as unrestricted in respect of trademark and brand protection legislation and could thus be used by anyone.

Cover image: www.ingimage.com

This book is a translation from the original published under ISBN 978-620-7-65462-8.

Publisher:
Sciencia Scripts
is a trademark of
Dodo Books Indian Ocean Ltd. and OmniScriptum S.R.L publishing group

120 High Road, East Finchley, London, N2 9ED, United Kingdom
Str. Armeneasca 28/1, office 1, Chisinau MD-2012, Republic of Moldova, Europe
Printed at: see last page
ISBN: 978-620-7-88648-7

"Conformação de metais: Um conceito materialista"

Por

Dr. Jarnail Singh

Professor Assistente, Departamento de Engenharia Mecânica, UCRD

Universidade de Chandigarh, Mohali,

&

Dr. Kaushal Kumar

Professor Associado, Escola de Engenharia e Tecnologia,

Universidade KR Mangalam, Gurugram 122103 (Haryana), Índia,

&

Er. Paramvir Yadav

(Bolseiro de investigação, Escola de Engenharia e Tecnologia),

Universidade KR Mangalam, Gurugram 122103 (Haryana), Índia

Índice

Prefácio

No domínio da ciência e engenharia de materiais, a conformação de metais exemplifica o engenho humano e a nossa procura incessante de moldar o nosso ambiente. Desde os métodos básicos de forja utilizados pelos antigos ferreiros até aos actuais processos avançados assistidos por computador, a conformação de metais tornou-se uma disciplina vital que apoia o fabrico e a inovação modernos.

Este livro, *"Conformação de metais: Um Conceito Materialista"*, tem como objetivo relacionar as teorias fundamentais com as aplicações práticas, proporcionando aos leitores uma compreensão profunda das complexidades e maravilhas da conformação de metais. Destina-se não só a estudantes e profissionais de engenharia mecânica e de materiais, mas também a qualquer pessoa interessada em compreender o impacto transformador deste domínio.

Capítulo 1:

Introdução à conformação de metais

A conformação de metais é um processo fundamental nas indústrias transformadoras que envolve a moldagem de materiais metálicos em formas e tamanhos desejados através da deformação plástica. Este processo desempenha um papel crucial na produção de uma vasta gama de produtos, desde componentes automóveis e estruturas aeroespaciais a electrodomésticos e materiais de construção. Neste artigo, vamos explorar a visão geral da conformação de metais, a sua importância no fabrico, o desenvolvimento histórico dos processos de conformação de metais, a classificação dos processos de conformação de metais e os principais factores que influenciam a conformação de metais.

1.1 Visão geral da conformação de metais

A conformação de metais engloba uma variedade de processos utilizados para remodelar materiais metálicos, aplicando-lhes forças. Estes processos envolvem normalmente a aplicação de pressão ou tensão para deformar plasticamente o metal, alterando a sua forma sem provocar a sua fratura. As operações de conformação de metais podem ser efectuadas a diferentes temperaturas, desde a temperatura ambiente (conformação a frio) até temperaturas elevadas (conformação a quente), dependendo das propriedades do material e dos resultados pretendidos.

Os processos de conformação de metais são amplamente utilizados nas indústrias transformadoras devido à sua versatilidade, eficiência e capacidade de produzir formas complexas com elevada precisão. Desde operações simples de dobragem e estiramento a processos mais complexos de forjamento e extrusão, as técnicas de conformação de metais são essenciais para criar uma vasta gama de produtos utilizados em várias aplicações.

1.2 Importância da conformação de metais no fabrico

A conformação de metais desempenha um papel fundamental nas indústrias transformadoras por várias razões:

1.2.1. Versatilidade: Os processos de enformação de metais podem ser utilizados para criar uma vasta gama de formas e tamanhos, desde geometrias simples a perfis complexos, permitindo aos fabricantes produzir peças com diversas funcionalidades e especificações.

1.2.2. Relação custo-eficácia: As técnicas de enformação de metais exigem frequentemente um desperdício mínimo de material e podem atingir taxas de produção elevadas, o que as torna soluções rentáveis para aplicações de produção em massa.

1.2.3. Propriedades dos materiais: Os processos de enformação de metais podem melhorar as propriedades dos materiais, como a resistência, a tenacidade e a ductilidade, permitindo que os fabricantes adaptem as propriedades mecânicas das peças para satisfazer requisitos de desempenho específicos.

1.2.4. Flexibilidade de conceção: A enformação de metais permite a flexibilidade do projeto, possibilitando a criação de formas e características complexas que seriam difíceis ou impossíveis de obter utilizando outros métodos de fabrico.

1.2.5. Sustentabilidade: Os processos de conformação de metais geram normalmente menos resíduos e consomem menos energia do que as técnicas de fabrico alternativas, o que os torna opções de produção sustentáveis do ponto de vista ambiental.

1.3 Desenvolvimento histórico dos processos de conformação de metais

A história da conformação de metais remonta a milhares de anos, com as primeiras civilizações a utilizarem técnicas primitivas como martelar, dobrar e fundir para moldar materiais metálicos. Ao longo do tempo, os avanços na metalurgia, nas ferramentas e nos processos de fabrico conduziram ao desenvolvimento de técnicas de enformação de metais mais sofisticadas.

Um dos primeiros processos de conformação de metal é o forjamento, que remonta aos tempos antigos, quando os ferreiros utilizavam calor e martelos para moldar objectos de metal. A invenção do martelo de queda e do martelo elétrico na Revolução Industrial revolucionou o processo de forjamento, permitindo uma maior precisão e eficiência na moldagem do metal.

O desenvolvimento dos laminadores no século XVII permitiu a produção em massa de chapas metálicas e materiais em placas, abrindo caminho para avanços em sectores como a construção, os transportes e a indústria transformadora. Outros processos de conformação de metais, como a extrusão, o desenho e a estampagem, surgiram nos séculos XIX e XX, expandindo ainda mais as capacidades da tecnologia de conformação de metais.

Atualmente, os processos de conformação de metal continuam a evoluir com os avanços na ciência dos materiais, engenharia e automação. As técnicas modernas de conformação de metal aproveitam o design assistido por computador (CAD), o fabrico assistido por computador (CAM) e o software de simulação para otimizar os parâmetros do processo, melhorar a qualidade do produto e reduzir os custos de produção.

1.4 Classificação dos processos de conformação de metais

Os processos de conformação de metais podem ser classificados em várias categorias com base em vários factores, como o tipo de deformação, a temperatura e o equipamento utilizado. As classificações mais comuns incluem:

1.4.1. Com base no tipo de deformação:

- Deformação em massa: Processos que envolvem uma deformação significativa de toda a peça de trabalho, tais como forjamento, laminagem e extrusão.
- Conformação de chapas metálicas: Processos que deformam principalmente materiais de chapa metálica fina, tais como dobragem, estiramento e estampagem profunda.

1.4.2. Com base na temperatura:

- Conformação a frio: Processos efectuados à temperatura ambiente ou próximo desta, adequados para materiais que apresentam boa ductilidade a baixas temperaturas.
- Conformação a quente: Processos efectuados a temperaturas elevadas, normalmente acima da temperatura de recristalização do material, para melhorar a formabilidade e reduzir as forças de conformação.

1.4.3. Com base nas características do processo:

- Processos primários: Moldagem direta da peça de trabalho na forma desejada, como forjamento, laminagem e extrusão.
- Processos secundários: Operações adicionais efectuadas na peça de trabalho para aperfeiçoar a sua forma ou propriedades, tais como tratamento térmico, maquinagem e acabamento de superfícies.

1.5 Principais factores que influenciam a conformação de metais

Vários factores influenciam o sucesso e a eficácia dos processos de conformação de metais, incluindo:

1.5.1. Propriedades do material: As propriedades mecânicas do material metálico, como o limite de elasticidade, a ductilidade e a dureza, determinam a sua formabilidade e o seu comportamento durante a deformação.

1.5.2. Temperatura: A temperatura a que é realizada a operação de enformação afecta o fluxo do material, a distribuição das tensões e as propriedades mecânicas, sendo que os processos de enformação a quente oferecem uma maior capacidade de enformação do que os processos de enformação a frio.

1.5.3. Taxa de deformação: A taxa a que a deformação é aplicada ao material influencia o seu comportamento de escoamento, com taxas de deformação mais elevadas a resultarem frequentemente num aumento da resistência e numa diminuição da ductilidade.

1.5.4. Lubrificação: A utilização de lubrificantes e revestimentos reduz o atrito entre a peça de trabalho e a ferramenta, evitando o desgaste, a escoriação e os defeitos de superfície durante as operações de conformação de metais.

1.5.5. Conceção de ferramentas: A conceção e a geometria das matrizes de conformação, dos punções e dos componentes das ferramentas desempenham um papel fundamental na determinação da precisão, do acabamento superficial e da tolerância dimensional das peças conformadas.

1.5.6. Parâmetros do processo: Factores como a velocidade de enformação, a pressão e a sequência de deformação afectam a qualidade e a consistência das peças enformadas, exigindo uma otimização e um controlo cuidadosos para alcançar os resultados desejados.

Capítulo 2:

Propriedades mecânicas dos metais

Os metais são amplamente utilizados na engenharia e no fabrico devido às suas propriedades mecânicas únicas, que lhes permitem suportar vários tipos de cargas e deformações. Compreender as propriedades mecânicas dos metais é essencial para conceber e selecionar materiais para diferentes aplicações. Neste capítulo, vamos explorar a introdução às propriedades mecânicas, relações tensão-deformação, deformação elástica, deformação plástica, dureza, tenacidade e ductilidade, bem como os factores que afectam as propriedades mecânicas.

2.1 Introdução às propriedades mecânicas

As propriedades mecânicas referem-se às características de um material que descrevem a forma como este responde às forças ou cargas aplicadas. Estas propriedades determinam o comportamento do material em diferentes condições, incluindo a sua resistência, rigidez, ductilidade, tenacidade e dureza. As propriedades mecânicas são cruciais para a conceção de componentes e estruturas que possam suportar as cargas esperadas e ter um desempenho adequado ao longo da sua vida útil.

2.2 Relações tensão-deformação

A relação tensão-deformação é um conceito fundamental na ciência e engenharia de materiais que descreve o comportamento de um material sob carga mecânica. A tensão (σ\sigma$\sigma$) é definida como a força por unidade de área aplicada a um material, enquanto a deformação (ϵ\epsilon$\epsilon$) é a alteração relativa no comprimento ou deformação do material em resposta à tensão. A relação tensão-deformação é normalmente representada por uma curva chamada curva tensão-deformação, que mostra como a tensão muda com a deformação.

2.3 Deformação elástica

A deformação elástica é uma deformação reversível que ocorre num material quando este é sujeito a uma tensão dentro do seu limite elástico. Nesta região da curva tensão-deformação, o material apresenta um comportamento linear e a deformação é proporcional à tensão aplicada. Quando a tensão é removida, o material retorna à sua forma e dimensões originais, exibindo uma recuperação elástica. O módulo elástico, ou módulo de Young (EEE), é uma medida da rigidez de um material e é definido como o rácio entre a tensão e a deformação na região elástica.

2.4 Deformação plástica

A deformação plástica é uma deformação permanente que ocorre num material quando este é sujeito a uma tensão para além do seu limite elástico. Nesta região da curva tensão-deformação, o material sofre uma deformação significativa com um aumento mínimo da tensão, o que indica cedência. A deformação plástica envolve o movimento de deslocações na estrutura cristalina do material, levando a alterações na forma e nas dimensões. A deformação plástica é caracterizada pelo endurecimento por deformação, em que o material se torna mais forte e menos dúctil à medida que a deformação progride.

2.5 Dureza, tenacidade e ductilidade

A dureza, a tenacidade e a ductilidade são propriedades mecânicas importantes que determinam a resistência de um material à deformação, fratura e plasticidade.

- Dureza: A dureza é a capacidade de um material resistir à indentação, ao risco ou à abrasão. É frequentemente medida através de testes normalizados, como o teste de dureza Rockwell, o teste de dureza Brinell ou o teste de dureza Vickers. A dureza é influenciada por factores como a composição do material, a microestrutura e as condições de processamento.
- Tenacidade: A tenacidade é a capacidade de um material absorver energia e de se deformar plasticamente antes de fraturar. É uma medida da resistência de um material à fratura sob condições de impacto ou de carga dinâmica. A tenacidade é frequentemente quantificada pela área sob a

curva tensão-deformação, conhecida como tenacidade ou capacidade de absorção de energia.

- Ductilidade: A ductilidade é a capacidade de um material se deformar plasticamente sem fratura sob carga de tração. Caracteriza-se pela capacidade do material de sofrer um alongamento significativo ou uma redução da área da secção transversal antes da falha. A ductilidade é quantificada pela percentagem de alongamento ou redução da área num ensaio de tração.

2.6 Factores que afectam as propriedades mecânicas

Vários factores influenciam as propriedades mecânicas dos metais, incluindo:

- Composição do material: A composição química de um metal afecta significativamente as suas propriedades mecânicas, uma vez que diferentes elementos podem alterar a microestrutura do material, o tamanho do grão e a distribuição das fases. Os elementos de liga, como o carbono, o manganês e o silício, podem aumentar a resistência, a dureza e outras propriedades mecânicas.

- Microestrutura: A microestrutura de um metal, incluindo o seu tamanho de grão, limites de grão e distribuição de fases, desempenha um papel crítico na determinação das suas propriedades mecânicas. Os materiais de grão fino apresentam normalmente maior resistência e dureza, mas podem ter menor ductilidade em comparação com os materiais de grão grosso.

- Tratamento térmico: Os processos de tratamento térmico, como o recozimento, a têmpera e o revenido, podem alterar as propriedades mecânicas dos metais, modificando a sua microestrutura e composição de fases. O tratamento térmico pode aumentar a resistência, a dureza, a tenacidade e outras propriedades mecânicas para satisfazer requisitos de desempenho específicos.

- Condições de processamento: As condições de processamento utilizadas durante o fabrico, como o forjamento, a laminagem, a extrusão e o tratamento térmico, podem influenciar as propriedades mecânicas dos metais. Factores como a taxa de deformação, a temperatura, o endurecimento por deformação e a taxa de arrefecimento podem afetar a microestrutura e o comportamento mecânico do material.

- Métodos de ensaio: A escolha do método e das condições de ensaio pode afetar as propriedades mecânicas medidas dos metais. Os ensaios normalizados, como o ensaio de tração, o ensaio de dureza e o ensaio de impacto, fornecem informações valiosas sobre o comportamento mecânico de um material sob diferentes condições de carga.

Capítulo 3:

Fundamentos da deformação plástica

A deformação plástica é um aspeto crítico do comportamento dos materiais nos processos de engenharia e fabrico. A compreensão dos mecanismos e princípios subjacentes à deformação plástica é essencial para a conceção de componentes, a previsão do comportamento dos materiais e a otimização dos processos de fabrico. Neste artigo, iremos aprofundar os fundamentos da deformação plástica, incluindo os mecanismos de deformação plástica, a teoria do deslizamento e da deslocação, o endurecimento por deformação e o endurecimento por trabalho, a deformação a quente versus a deformação a frio, a superplasticidade e a formabilidade.

3.1 Mecanismos de deformação plástica

A deformação plástica ocorre quando um material sofre alterações permanentes na sua forma ou dimensões devido à aplicação de forças externas para além do seu limite elástico. Vários mecanismos contribuem para a deformação plástica em materiais cristalinos, incluindo:

- Deslizamento: O deslizamento é o principal mecanismo de deformação plástica em materiais cristalinos, em que os átomos ou iões na rede cristalina se movem ao longo dos planos cristalográficos em resposta à tensão de corte aplicada. O deslizamento ocorre quando as deslocações, defeitos de linha na estrutura cristalina, se movem através do material sob tensão, fazendo com que os planos atómicos deslizem uns sobre os outros.
- Geminação: A geminação é outro mecanismo de deformação plástica no qual uma porção da rede cristalina sofre uma deformação por cisalhamento para formar uma imagem em espelho da estrutura original da rede. As fronteiras geminadas separam as regiões geminadas do resto do material e contribuem para a deformação plástica, permitindo a ocorrência de deslizamento adicional.

- Deslizamento nos limites de grão: Nos materiais policristalinos, a deformação plástica pode ocorrer através do deslizamento dos limites de grão, em que os grãos adjacentes deslizam uns sobre os outros ao longo dos limites de grão em resposta à tensão aplicada. O deslizamento nos limites do grão é predominante a temperaturas elevadas e contribui para o fluxo e deformação do material durante os processos de conformação a quente.

- Transformação de fase: Alguns materiais sofrem transformações de fase, como a transformação martensítica nos aços, o que pode resultar numa deformação plástica significativa e em alterações das propriedades do material. As transformações de fase envolvem o rearranjo de átomos ou iões na rede cristalina e contribuem para a plasticidade através da introdução de novos mecanismos de deformação.

3.2 Teoria do deslizamento e da deslocação

A teoria das deslocações fornece um quadro teórico para compreender os mecanismos de deformação plástica e o comportamento dos materiais cristalinos sob tensão. As deslocações são defeitos de linha na estrutura cristalina que representam regiões de tensão ou deformação localizadas. O movimento das deslocações através do material é o principal mecanismo pelo qual ocorre a deformação plástica.

- Deslocações de borda: As deslocações de borda ocorrem quando um meio plano extra de átomos ou iões é inserido na rede cristalina, criando um defeito em degrau ou linha. As deslocações de borda podem mover-se através do material pela quebra e reforma sucessivas de ligações atómicas ao longo dos planos cristalográficos, contribuindo para a deformação plástica.

- Deslocações em parafuso: As deslocações de parafuso ocorrem quando os planos atómicos da rede cristalina são deslocados de forma helicoidal ou semelhante a um parafuso. As deslocações em parafuso movem-se através do material pela rotação dos planos atómicos em torno da linha de deslocação, permitindo que o deslizamento ocorra ao longo dos planos cristalográficos.

- Deslocações mistas: As deslocações mistas possuem características de deslocações de aresta e de parafuso e podem mover-se através do material por uma combinação de movimento de aresta e de parafuso. As deslocações mistas são comuns em materiais reais e contribuem para a complexidade do comportamento da deformação plástica.

O movimento e as interacções das deslocações são influenciados por factores como a tensão aplicada, a temperatura, a composição do material e a estrutura cristalina. O comportamento das deslocações determina as propriedades mecânicas dos materiais, incluindo a sua resistência, ductilidade e tenacidade.

3.3 Endurecimento por deformação e endurecimento por trabalho

O endurecimento por deformação, também conhecido como endurecimento por trabalho ou trabalho a frio, é um fenómeno observado em metais e ligas sujeitos a deformação plástica. Quando um material é deformado plasticamente, os deslocamentos acumulam-se e interagem uns com os outros, levando a um aumento da resistência e da dureza do material. O endurecimento por deformação ocorre devido à formação e emaranhamento de deslocamentos, que impedem o movimento de deslocamentos subsequentes e aumentam a resistência à deformação.

Durante o endurecimento por deformação, o material sofre um endurecimento por trabalho, em que a densidade de deslocação e a energia de deformação interna aumentam com a deformação. O endurecimento por trabalho é caracterizado por um aumento do limite de elasticidade, da resistência à tração e da dureza do material, acompanhado por uma diminuição da ductilidade e da tenacidade. Os materiais endurecidos por trabalho apresentam maior resistência e rigidez, mas são mais propensos à fratura e menos dúcteis em comparação com os materiais recozidos ou não trabalhados.

3.4 Deformação a quente vs. Deformação a frio

A deformação plástica pode ocorrer a diferentes temperaturas, desde a temperatura ambiente até temperaturas elevadas, dependendo das propriedades do material e das condições de processamento. A deformação a quente e a deformação a frio representam dois modos primários de deformação plástica com características e aplicações distintas.

- Deformação a frio: A deformação a frio, também conhecida como trabalho a frio ou deformação à temperatura ambiente, refere-se a processos de deformação plástica efectuados à temperatura ambiente ou próximo desta. As técnicas de deformação a frio incluem laminagem, estiramento, dobragem e extrusão, que são normalmente utilizadas para moldar metais e ligas nas formas pretendidas, mantendo tolerâncias dimensionais e acabamentos de superfície apertados. A deformação a frio resulta no endurecimento por deformação e no aumento da resistência, mas pode reduzir a ductilidade e a formabilidade em comparação com a deformação a quente.
- Deformação a quente: A deformação a quente envolve processos de deformação plástica efectuados a temperaturas elevadas, normalmente acima da temperatura de recristalização do material. As técnicas de deformação a quente incluem forjamento, laminação, extrusão e conformação a quente, que são utilizadas para moldar metais e ligas a altas temperaturas para melhorar a conformabilidade, reduzir as forças de conformação e minimizar o risco de fissuras e distorções. A deformação a quente resulta na recristalização e no crescimento do grão, que restauram a ductilidade e a formabilidade do material, tornando-o adequado para operações de conformação complexas.

A escolha entre a deformação a quente e a deformação a frio depende de factores como as propriedades do material, a geometria da peça, o volume de produção e as propriedades mecânicas necessárias. A deformação a frio é preferível para produzir peças com tolerâncias dimensionais e acabamento superficial apertados, enquanto a deformação a quente é adequada para moldar materiais com ductilidade limitada e requisitos de elevada formabilidade.

3.5 Superplasticidade e formabilidade

A superplasticidade é um fenómeno observado em alguns materiais, particularmente em certas ligas e cerâmicas, que exibem uma ductilidade e formabilidade excepcionais em condições específicas. Os materiais superplásticos podem sofrer uma extensa deformação plástica a altas taxas de deformação e baixas tensões sem fraturar, permitindo a produção de formas complexas e detalhes intrincados.

A superplasticidade é caracterizada por uma elevada sensibilidade à taxa de deformação, baixa tensão de escoamento e um extenso mecanismo de deslizamento dos limites do grão. O comportamento superplástico é frequentemente observado a temperaturas elevadas, próximas do ponto de fusão do material, onde a difusão dos limites de grão facilita o deslizamento e a deformação dos limites de grão. Os materiais superplásticos podem atingir alongamentos de tração de várias centenas de por cento e são utilizados em aplicações aeroespaciais, automóveis e biomédicas em que é necessária uma elevada formabilidade e precisão.

A formabilidade é uma medida da capacidade de um material ser moldado nas formas e configurações desejadas sem defeitos ou falhas. A formabilidade depende de factores como as propriedades do material, o tamanho do grão, a microestrutura, a taxa de deformação, a temperatura e as condições de processamento. Melhorar a formabilidade envolve frequentemente a otimização da composição do material, do tratamento térmico e dos parâmetros de processamento para aumentar a ductilidade, reduzir o endurecimento por deformação e promover mecanismos de deformação, como o deslizamento dos limites dos grãos e a superplasticidade.

Capítulo 4:

Processos de conformação de metais

Os processos de conformação de metais são técnicas de fabrico essenciais utilizadas para moldar materiais metálicos nas formas e dimensões desejadas. Estes processos oferecem versatilidade, eficiência e precisão na produção de uma vasta gama de componentes e produtos em várias indústrias. Neste artigo, vamos explorar diferentes processos de conformação de metal, incluindo forjamento, laminagem, extrusão, desenho, conformação de chapa metálica e outras técnicas especializadas.

4.1 Processos de forjamento

O forjamento é um processo de conformação de metais que envolve a modelação de materiais metálicos através da aplicação de forças de compressão. É uma das técnicas de conformação de metal mais antigas e mais amplamente utilizadas, que remonta aos tempos antigos. Existem vários tipos de processos de forjamento, incluindo:

4.1.1 Forjamento em matriz aberta

O forjamento em matriz aberta, também conhecido como forjamento de ferreiro ou forjamento manual, é um processo em que a peça de trabalho é colocada entre duas matrizes planas ou moldadas e martelada ou prensada até ganhar forma através de golpes repetidos. O forjamento em matriz aberta permite a produção de peças grandes e complexas com um desperdício mínimo de material. É normalmente utilizado para produzir veios, discos, anéis e outros componentes para máquinas e equipamentos pesados.

4.1.2 Forjamento em matriz fechada

O forjamento em matriz fechada, também conhecido como forjamento em matriz de impressão, é um processo em que a peça de trabalho é encerrada num conjunto de matrizes que contêm uma cavidade ou impressão com a forma da peça pretendida. As matrizes são reunidas para comprimir o material e formar a peça. O forjamento em matriz fechada produz peças com elevada precisão dimensional, tolerâncias apertadas e excelentes propriedades mecânicas. É amplamente utilizado nas indústrias automóvel, aeroespacial e de defesa para a produção de componentes forjados, tais como engrenagens, cambotas e bielas.

4.1.3 Forjamento em Upset

O forjamento em Upset, também conhecido como encabeçamento ou perturbação, é um processo em que o comprimento da peça de trabalho é reduzido e a área da secção transversal é aumentada através da aplicação de forças de compressão perpendiculares ao eixo longitudinal. O forjamento em Upset é normalmente utilizado para produzir parafusos, rebites, fixadores e outros componentes com cabeças ou extremidades alargadas.

4.2 Processos de laminagem

A laminagem é um processo de conformação de metal que envolve a passagem da peça de trabalho entre rolos rotativos para reduzir a sua espessura ou alterar a sua forma de secção transversal. Os processos de laminagem são amplamente utilizados na produção de chapas metálicas, placas, fios e outros produtos semi-acabados. Existem vários tipos de processos de laminagem, incluindo:

4.2.1 Laminagem a quente

A laminagem a quente é um processo em que a peça de trabalho é aquecida acima da sua temperatura de recristalização e passada através de uma série de rolos para reduzir a sua espessura e melhorar as suas propriedades mecânicas. A laminagem a quente é utilizada para produzir chapas metálicas, placas e formas estruturais a partir de materiais como o aço, o alumínio e o cobre.

4.2.2 Laminagem a frio

A laminagem a frio é um processo em que a peça de trabalho é passada através de uma série de rolos à temperatura ambiente para reduzir a sua espessura e melhorar o seu acabamento superficial. A laminagem a frio produz chapas metálicas com tolerâncias dimensionais apertadas, acabamento de superfície liso e propriedades mecânicas melhoradas. É normalmente utilizada na produção de painéis de carroçaria para automóveis, aparelhos e componentes de precisão.

4.2.3 Enrolamento de roscas

A laminagem de roscas é um processo de laminagem especializado utilizado para produzir roscas em peças de trabalho cilíndricas, tais como parafusos e pernos. As matrizes de laminagem de roscas com perfis de rosca correspondentes são pressionadas contra a peça de trabalho para formar as roscas através de deformação plástica. A laminação de roscas produz roscas com dimensões precisas, alta resistência e excelente acabamento superficial.

4.3 Processos de extrusão

A extrusão é um processo de formação de metal que envolve forçar uma peça de trabalho através de uma matriz para produzir um perfil contínuo com uma secção transversal uniforme. Os processos de extrusão são utilizados para produzir formas longas e complexas a partir de materiais como o alumínio, o aço e os plásticos. Existem vários tipos de processos de extrusão, incluindo:

4.3.1 Extrusão direta

A extrusão direta, também conhecida como extrusão para a frente, é um processo em que a peça de trabalho é empurrada através de um molde estacionário para formar a forma pretendida. A extrusão direta é utilizada para produzir perfis sólidos e ocos com formas simples de secção transversal.

4.3.2 Extrusão indireta

A extrusão indireta, também conhecida como extrusão para trás, é um processo em que a matriz se move em direção à peça de trabalho estacionária para formar a forma desejada. A extrusão indireta permite um controlo mais rigoroso do processo de extrusão e é utilizada para produzir perfis complexos com dimensões precisas.

4.3.3 Extrusão hidrostática

A extrusão hidrostática é um processo de extrusão especializado em que a peça de trabalho é extrudida através de uma matriz submersa num meio fluido, como o óleo ou a água. A extrusão hidrostática permite a produção de peças com melhor acabamento superficial, precisão dimensional e propriedades mecânicas.

4.4 Processos de desenho

A trefilagem é um processo de conformação de metais que envolve puxar uma peça de trabalho através de uma matriz para reduzir o seu diâmetro ou alterar a sua forma de secção transversal. Os processos de estiragem são utilizados para produzir fios, tubos e outros componentes cilíndricos com dimensões exactas. Existem vários tipos de processos de estiragem, incluindo:

4.4.1 Trefilagem

A trefilagem é um processo em que um fio metálico é puxado através de uma série de matrizes para reduzir o seu diâmetro e melhorar as suas propriedades mecânicas. A trefilagem produz fio com tolerâncias dimensionais apertadas, acabamento de superfície liso e maior resistência.

4.4.2 Desenho do tubo

A trefilagem de tubos é um processo em que um tubo metálico é puxado através de uma série de matrizes para reduzir o seu diâmetro e espessura de parede. A trefilagem de tubos produz tubos sem costura com dimensões exactas, espessura de parede uniforme e excelente acabamento superficial.

4.4.3 Desenho em profundidade

A estampagem profunda é um processo em que uma chapa metálica plana é estirada numa forma oca utilizando um punção e uma matriz. A estampagem profunda é normalmente utilizada para produzir componentes cilíndricos ou em forma de caixa, tais como latas, vasos e painéis de carroçaria de automóveis.

4.5 Processos de conformação de chapa metálica

Os processos de conformação de chapa metálica são utilizados para moldar chapa metálica plana em peças e componentes tridimensionais. Os processos de conformação de chapa metálica são amplamente utilizados em indústrias como a automóvel, a aeroespacial e a da construção. Existem vários tipos de processos de conformação de chapas metálicas, incluindo:

4.5.1 Dobragem

A quinagem é um processo em que uma chapa plana de metal é moldada numa forma curva utilizando uma matriz de quinagem e um punção. A dobragem é normalmente utilizada para produzir componentes com características curvas ou angulares, tais como suportes, caixas e armações.

4.5.2 Estiramento

A enformação por estiramento é um processo em que uma folha de metal plana é esticada sobre uma matriz com contornos para produzir formas e contornos complexos. A enformação por estiramento é normalmente utilizada nas indústrias aeroespacial e automóvel para produzir revestimentos de fuselagem, painéis de asas e painéis de carroçaria.

4.5.3 Fiação

A fiação, também conhecida como fiação de metal ou conformação por fiação, é um processo em que um mandril rotativo é utilizado para dar forma oca a uma folha de metal plana. A fiação é normalmente utilizada para produzir componentes cilíndricos ou cónicos, tais como abajures, utensílios de cozinha e antenas parabólicas.

4.5.4 Gofragem e cunhagem

A gofragem e a cunhagem são processos de conformação de chapas metálicas utilizados para criar características em relevo ou rebaixadas numa chapa plana. A gravação em relevo produz padrões ou desenhos em relevo, enquanto a cunhagem produz impressões ou logótipos em recesso. Estes processos são normalmente utilizados em aplicações automóveis, de electrodomésticos e decorativas.

4.6 Outros processos de conformação de metais

Para além dos processos acima mencionados, existem várias outras técnicas especializadas de conformação de metais utilizadas no fabrico. Alguns desses processos incluem:

4.6.1 Enrolamento

A estampagem é um processo de conformação de metal que envolve a redução do diâmetro de uma peça de trabalho cilíndrica, forçando-a através de uma série de matrizes ou rolos. A estampagem é normalmente utilizada para produzir tubos, canos e fixadores com dimensões precisas e propriedades mecânicas melhoradas.

4.6.2 Cisalhamento

O cisalhamento é um processo de conformação de metal que envolve cortar ou aparar uma chapa metálica em bruto utilizando uma ferramenta ou lâmina de arestas afiadas. O cisalhamento é normalmente utilizado para cortar chapas metálicas em peças mais pequenas ou para aparar o excesso de material das peças formadas.

4.6.3 Perfuração

A perfuração é um processo de conformação de metal que envolve a criação de orifícios ou aberturas numa chapa metálica em bruto, utilizando um punção e uma matriz. A perfuração é normalmente utilizada para produzir componentes com orifícios para fixadores, ferragens de montagem ou ventilação.

Capítulo 5:

Parâmetros e controlo do processo

Os processos de conformação de metais envolvem uma interação complexa de vários parâmetros e factores que influenciam a qualidade, a eficiência e o desempenho da operação de fabrico. O controlo destes parâmetros é essencial para alcançar os resultados desejados, manter a qualidade do produto e otimizar os processos de produção. Neste artigo, vamos explorar os principais parâmetros do processo e as estratégias de controlo na conformação de metais, incluindo o controlo da temperatura, o controlo da pressão, o controlo da lubrificação e da fricção, a taxa de deformação e a distribuição da deformação, a conceção de ferramentas e a seleção de materiais, bem como a monitorização do processo e o controlo da qualidade.

5.1 Controlo da temperatura na conformação de metais

O controlo da temperatura é um parâmetro crítico nos processos de conformação de metais, uma vez que afecta significativamente o comportamento do material, os mecanismos de deformação e o desempenho do processo. A temperatura da peça de trabalho, das ferramentas e do ambiente circundante pode influenciar factores como a tensão de escoamento, a formabilidade, a evolução da microestrutura e o acabamento da superfície. Vários processos de conformação de metais envolvem o controlo da temperatura para otimizar as propriedades do material e as condições do processo:

5.1.1 Conformação a quente: Nos processos de conformação a quente, tais como laminagem a quente, forjamento e extrusão, a peça de trabalho é aquecida acima da sua temperatura de recristalização para melhorar a conformabilidade, reduzir as forças de conformação e minimizar as tensões residuais. O controlo da temperatura é essencial para manter um aquecimento uniforme em toda a peça de trabalho e evitar o sobreaquecimento ou a degradação térmica.

5.1.2 Conformação a frio: Nos processos de conformação a frio, como a laminagem e a trefilagem a frio, a peça de trabalho é deformada à temperatura ambiente ou próximo desta. O controlo da temperatura é fundamental para evitar o sobreaquecimento e o amolecimento do material durante a deformação, o que pode levar a uma fraca precisão dimensional, defeitos de superfície e propriedades mecânicas reduzidas.

5.1.3 Aquecimento por indução: O aquecimento por indução é um método de aquecimento sem contacto utilizado em processos de conformação de metais para aquecer áreas localizadas da peça de trabalho de forma rápida e eficiente. O aquecimento por indução permite um controlo preciso da temperatura e minimiza a distorção térmica e o consumo de energia.

5.1.4 Têmpera e revenido: A têmpera e o revenido são processos de tratamento térmico utilizados para melhorar as propriedades mecânicas de componentes forjados ou tratados termicamente. O controlo da temperatura durante a têmpera e o revenido é fundamental para obter a dureza, a resistência e a tenacidade desejadas do material, minimizando a distorção e a fissuração.

5.2 Controlo da pressão na conformação de metais

O controlo da pressão é outro parâmetro essencial nos processos de conformação de metais, uma vez que determina o nível de deformação, o fluxo de material e a geometria final da peça. O controlo da pressão durante as operações de conformação de metal envolve a otimização dos parâmetros do processo, como a força, a velocidade e a geometria da matriz, para alcançar os resultados desejados:

5.2.1 Pressão de forjamento: Nos processos de forjamento, como o forjamento em matriz aberta e o forjamento em matriz fechada, o controlo da força ou pressão aplicada é crucial para moldar a peça de trabalho com precisão, minimizar os defeitos e obter um fluxo de material uniforme. São utilizadas prensas hidráulicas ou mecânicas para aplicar uma pressão controlada à peça durante as operações de forjamento.

5.2.2 Pressão de laminagem: Nos processos de laminagem, como a laminagem a quente e a laminagem a frio, o controlo da pressão de laminagem é essencial para reduzir uniformemente a espessura da peça de trabalho e manter a precisão dimensional. Os laminadores estão equipados com regulações ajustáveis da folga dos cilindros e sistemas hidráulicos para controlar a pressão aplicada durante as operações de laminagem.

5.2.3 Pressão de extrusão: Nos processos de extrusão, como a extrusão direta e a extrusão indireta, o controlo da pressão de extrusão é fundamental para garantir um fluxo uniforme do material e obter a forma da secção transversal pretendida. São utilizadas prensas hidráulicas ou mecânicas com capacidades de controlo preciso da força para conduzir o bilete através da matriz de extrusão.

5.3 Lubrificação e controlo da fricção

A lubrificação e o controlo da fricção são considerações essenciais nos processos de conformação de metal para reduzir o desgaste, melhorar o acabamento da superfície e evitar a escoriação e a colagem entre a peça de trabalho e a ferramenta. Uma lubrificação adequada ajuda a minimizar as forças de fricção e a melhorar o fluxo de material, ao mesmo tempo que protege as superfícies das ferramentas contra danos. São utilizadas várias estratégias de controlo da lubrificação e da fricção nos processos de conformação de metais:

5.3.1 Seleção do lubrificante: A escolha do lubrificante ou do sistema de lubrificação adequado é crucial para assegurar uma lubrificação eficaz e o controlo do atrito nas operações de conformação de metais. Os lubrificantes podem ser classificados como lubrificantes secos (por exemplo, grafite, bissulfureto de molibdénio) ou lubrificantes húmidos (por exemplo, óleos, massas), dependendo dos requisitos da aplicação.

5.3.2 Método de aplicação: O método de aplicação do lubrificante, como por exemplo, pulverização, gotejamento, pincel ou imersão, afecta a distribuição e a eficácia da lubrificação. A aplicação correcta do lubrificante assegura uma cobertura uniforme da peça de trabalho e das superfícies da ferramenta para reduzir o atrito e melhorar o fluxo de material.

5.3.3 Propriedades do lubrificante: As propriedades do lubrificante, tais como a viscosidade, a resistência da película e a estabilidade da temperatura, influenciam o seu desempenho de lubrificação e a compatibilidade com o material da peça e o processo de conformação. A escolha de lubrificantes com propriedades adequadas é essencial para otimizar a lubrificação e o controlo da fricção.

5.3.4 Controlo do atrito: As medidas de controlo do atrito, tais como revestimentos de superfície, tratamentos de superfície e seleção de materiais, são utilizadas para reduzir o atrito entre a peça de trabalho e as superfícies das ferramentas. Os revestimentos de baixo atrito, como os revestimentos de Teflon ou de carbono tipo diamante (DLC), podem ser aplicados às superfícies das ferramentas para minimizar o atrito e o desgaste durante as operações de conformação de metais.

5.4 Taxa de deformação e distribuição da deformação

A taxa de deformação e a distribuição da deformação são parâmetros críticos nos processos de conformação de metal que influenciam o fluxo do material, o comportamento de deformação e as propriedades da peça final. O controlo da taxa de deformação e da distribuição da deformação envolve a otimização dos parâmetros do processo, tais como a velocidade de conformação, a geometria da matriz e as propriedades do material para obter uma deformação uniforme e minimizar os defeitos:

5.4.1 Controlo da taxa de deformação: A taxa de deformação, definida como a taxa de deformação por unidade de tempo, afecta a tensão de fluxo, o endurecimento por deformação e o comportamento do fluxo de material durante os processos de conformação de metal. O controlo da taxa de deformação envolve o ajuste dos parâmetros do processo, tais como a velocidade de conformação, a taxa de alimentação e a taxa de deformação, de modo a atingir as características desejadas de fluxo e deformação do material.

5.4.2 Distribuição da deformação: A distribuição da tensão refere-se à variação espacial da tensão na peça de trabalho durante a deformação. Conseguir uma distribuição uniforme da tensão é essencial para minimizar as tensões residuais, as variações dimensionais e os defeitos na peça final. A otimização da geometria da matriz, das propriedades do material e dos parâmetros do processo ajuda a controlar a distribuição da deformação e a garantir uma qualidade consistente da peça.

5.5 Conceção de ferramentas e seleção de materiais

A conceção de ferramentas e a seleção de materiais desempenham um papel crucial nos processos de conformação de metais, uma vez que têm um impacto direto na geometria da peça, no acabamento da superfície, na vida útil da ferramenta e na eficiência do processo. A conceção e a seleção de ferramentas adequadas envolvem a consideração de factores como as propriedades do material, a complexidade da peça, as forças de conformação e as condições de funcionamento:

5.5.1 Conceção da matriz: A conceção da matriz engloba a seleção dos materiais da matriz, a geometria da matriz, a conceção da cavidade e os canais de arrefecimento para otimizar o fluxo de material, reduzir as forças de conformação e minimizar os defeitos. A conceção correcta da matriz assegura uma deformação uniforme, precisão dimensional e qualidade da peça nos processos de conformação de metais.

5.5.2 Seleção do material da ferramenta: A escolha dos materiais de ferramentas adequados é essencial para suportar as elevadas tensões, temperaturas e desgaste encontrados nas operações de conformação de metais. Os materiais das ferramentas, como o aço para ferramentas, o carboneto e a cerâmica, são seleccionados com base em factores como a dureza, a tenacidade, a resistência ao desgaste e a estabilidade térmica.

5.5.3 Tratamento de superfície: Os tratamentos de superfície, como a nitruração, o revestimento e as técnicas de engenharia de superfícies, são empregues para melhorar a resistência ao desgaste, a lubrificação e o acabamento das superfícies das ferramentas. Os tratamentos de superfície aumentam a vida útil das ferramentas, reduzem o atrito e evitam o desgaste adesivo e a escoriação durante os processos de conformação de metais.

5.6 Monitorização do processo e controlo da qualidade

A monitorização do processo e o controlo da qualidade são aspectos essenciais das operações de conformação de metais para garantir uma qualidade consistente das peças, minimizar os defeitos e otimizar a eficiência da produção. A monitorização e o controlo dos parâmetros do processo em tempo real permitem a deteção precoce de desvios e acções correctivas para manter a estabilidade do processo e a integridade do produto:

5.6.1 Sensores e instrumentação: Os sensores e a instrumentação são utilizados para monitorizar os principais parâmetros do processo, como a temperatura, a pressão, a força, o deslocamento e a vibração durante as operações de conformação de metal. A aquisição e análise de dados em tempo real permitem a monitorização do processo, a análise de tendências e a manutenção preditiva para evitar tempos de paragem e defeitos.

5.6.2 Sistemas de controlo: Os sistemas de controlo, tais como circuitos de controlo de feedback e sistemas servo de circuito fechado, são utilizados para regular os parâmetros do processo e manter as condições de funcionamento desejadas. Os sistemas de controlo automatizados ajustam os parâmetros do processo com base no feedback do sensor para otimizar o desempenho, reduzir a variabilidade e garantir uma qualidade consistente das peças.

5.6.3 Garantia de qualidade: As medidas de garantia de qualidade, tais como a inspeção em processo, a medição dimensional e os ensaios não destrutivos, são implementadas para verificar a qualidade das peças e a conformidade com as especificações. As técnicas de controlo estatístico do processo (SPC), tais como gráficos de controlo e análise de capacidade, são utilizadas para monitorizar a variabilidade do processo e identificar fontes de variação.

5.6.4 Melhoria contínua: As metodologias de melhoria contínua, tais como o fabrico optimizado, Six Sigma e gestão da qualidade total (TQM), são aplicadas aos processos de conformação de metais para identificar oportunidades de otimização, reduzir o desperdício e aumentar a produtividade. As iniciativas de melhoria contínua envolvem análise contínua, resolução de problemas e refinamento de processos para alcançar a excelência operacional e a satisfação do cliente.

Capítulo 6:

Considerações sobre o design na conformação de metais

A conceção de processos de conformação de metais envolve a consideração cuidadosa de vários factores para garantir resultados de fabrico bem sucedidos, uma qualidade óptima das peças e uma produção rentável. Desde a seleção de materiais adequados até à conceção de ferramentas e requisitos de tolerância, todos os aspectos do processo de conceção desempenham um papel crucial na determinação do sucesso das operações de conformação de metal. Neste artigo, iremos explorar as principais considerações de design na conformação de metal, incluindo princípios de design, seleção de materiais, design de ferramentas, requisitos de tolerância, considerações de formabilidade e design para fabrico.

6.1 Princípios de conceção para a conformação de metais

O projeto para a enformação de metais requer o cumprimento de princípios e directrizes específicos para garantir a compatibilidade com os processos de fabrico escolhidos e as especificações desejadas do produto. Alguns princípios chave de projeto para a conformação de metais incluem:

6.1.1 Simetria e equilíbrio: A conceção de peças simétricas e equilibradas ajuda a distribuir uniformemente as forças de conformação e a minimizar a distorção durante as operações de conformação de metais. Os projectos simétricos reduzem o risco de deformação irregular e melhoram a uniformidade da peça.

6.1.2 Espessura uniforme da parede: A manutenção de uma espessura de parede uniforme em toda a peça minimiza o desbaste do material e reduz o risco de defeitos como enrugamento, encurvadura e rasgamento. A espessura uniforme da parede promove o fluxo consistente do material e a deformação durante os processos de conformação.

6.1.3 Minimização de cantos afiados e filetes: Os cantos afiados e os filetes podem atuar como concentradores de tensão e conduzir a fissuras ou rasgões durante as operações de conformação de metais. A conceção de peças com cantos e filetes arredondados ajuda a distribuir a tensão de forma mais uniforme e a melhorar a conformabilidade.

6.1.4 Estiragem e conicidade: A incorporação de ângulos de inclinação e cones nos desenhos das peças facilita a ejeção das ferramentas e reduz o risco de colagem ou de encravamento. Os ângulos de inclinação garantem uma libertação suave da peça e minimizam o atrito entre a peça e as superfícies das ferramentas.

6.1.5 Evitar cortes inferiores: Os cortes inferiores ou características que impedem a ejeção de peças das ferramentas devem ser evitados nos projectos de conformação de metais. Os cortes inferiores aumentam a complexidade das ferramentas e podem exigir operações adicionais, tais como maquinagem secundária ou montagem.

6.1.6 Projeto para deformação: A conceção de peças com características que facilitam o fluxo de material e a deformação pode melhorar a conformabilidade e reduzir as forças de conformação. Características como nervuras, flanges e relevos podem ajudar a distribuir a tensão e a promover uma deformação uniforme.

6.2 Seleção e propriedades dos materiais

A seleção do material é um aspeto crítico do design de conformação de metal, uma vez que influencia diretamente o desempenho, a capacidade de fabrico e o custo da peça. A escolha do material adequado envolve a consideração de factores como as propriedades mecânicas, a formabilidade, a resistência à corrosão e o custo:

6.2.1 Propriedades mecânicas: As propriedades mecânicas, tais como o limite de elasticidade, a resistência à tração, o alongamento e a dureza, determinam a capacidade do material para suportar as forças de conformação e a deformação sem falhar. Os materiais com elevada resistência e ductilidade são preferidos para aplicações de conformação de metais, de modo a garantir um desempenho ótimo e a integridade da peça.

6.2.2 Formabilidade: A formabilidade refere-se à capacidade de um material sofrer deformação sem fratura ou defeitos. Os materiais com boa formabilidade apresentam um comportamento de deformação uniforme, um retorno elástico mínimo e limites de deformação elevados. A formabilidade é influenciada por factores como a estrutura do grão, a composição da liga e as condições de processamento.

6.2.3 Endurecimento por trabalho: O endurecimento por trabalho, também conhecido como endurecimento por deformação, é o aumento da dureza e da resistência do material que ocorre durante a deformação plástica. Os materiais com taxas mais elevadas de endurecimento por trabalho requerem forças de conformação mais elevadas, mas apresentam maior resistência e rigidez na peça acabada.

6.2.4 Anisotropia: Os materiais anisotrópicos apresentam variações direccionais nas propriedades mecânicas devido a diferenças na orientação do grão ou na microestrutura. O projeto para anisotropia envolve a consideração de variações nas propriedades do material ao longo de diferentes eixos e a orientação de peças para otimizar o desempenho em condições de carga específicas.

6.2.5 Compatibilidade do material: A compatibilidade entre o material escolhido e o processo de conformação é essencial para garantir resultados de fabrico bem sucedidos. Alguns materiais podem ser mais adequados a processos de conformação específicos com base nas suas propriedades, tais como a conformabilidade a quente, a conformabilidade a frio ou a sensibilidade à taxa de deformação.

6.3 Conceção de ferramentas e seleção de materiais

A conceção de ferramentas e a seleção de materiais são aspectos críticos da conceção da conformação de metais, uma vez que têm um impacto direto na geometria da peça, no acabamento da superfície, na precisão dimensional e na eficiência da produção:

6.3.1 Conceção da matriz: A conceção da matriz engloba a seleção dos materiais da matriz, a geometria da matriz, a conceção da cavidade e os canais de arrefecimento para otimizar o fluxo de material, reduzir as forças de conformação e minimizar os defeitos. A conceção correcta da matriz assegura uma deformação uniforme, precisão dimensional e qualidade da peça nos processos de conformação de metais.

6.3.2 Conceção do punção e do suporte do bloco: A conceção do punção e do suporte do bloco influencia o fluxo de material, a geometria da peça e o acabamento da superfície durante as operações de conformação de metal. A seleção dos materiais, perfis e folgas do punção e do suporte do bloco afecta as forças de conformação, o retorno elástico e a qualidade da peça.

6.3.3 Seleção de materiais: A escolha dos materiais de ferramentas adequados é essencial para suportar as elevadas tensões, temperaturas e desgaste encontrados nas operações de conformação de metais. Os materiais das ferramentas, como o aço para ferramentas, o carboneto e a cerâmica, são seleccionados com base em factores como a dureza, a tenacidade, a resistência ao desgaste e a estabilidade térmica.

6.3.4 Tratamento de superfície: Os tratamentos de superfície como a nitruração, o revestimento e as técnicas de engenharia de superfície são empregues para melhorar a resistência ao desgaste, a lubrificação e o acabamento das superfícies das ferramentas. Os tratamentos de superfície aumentam a vida útil das ferramentas, reduzem o atrito e evitam o desgaste adesivo e a escoriação durante os processos de conformação de metais.

6.4 Requisitos de tolerância e de acabamento da superfície

Os requisitos de tolerância e acabamento de superfície são considerações críticas no projeto de conformação de metal para garantir a funcionalidade da peça, a compatibilidade da montagem e a satisfação do cliente:

6.4.1 Tolerâncias dimensionais: As tolerâncias dimensionais especificam o desvio permitido das dimensões nominais para as características da peça, tais como comprimento, largura, espessura e diâmetro do furo. O projeto de peças com tolerâncias dimensionais adequadas assegura a compatibilidade com os requisitos de montagem e as especificações funcionais.

6.4.2 Requisitos de acabamento da superfície: Os requisitos de acabamento da superfície especificam a textura, a rugosidade e o aspeto desejados para as superfícies das peças. A conceção do acabamento de superfície requerido envolve a seleção de processos de conformação adequados, materiais de ferramentas, lubrificantes e operações de acabamento para alcançar a qualidade de superfície desejada.

6.4.3 Estiragem e espessura da parede: A incorporação de ângulos de inclinação e a manutenção de espessuras de parede uniformes nos projectos de peças ajudam a facilitar o fluxo de material, a ejeção das ferramentas e a estabilidade dimensional durante os processos de conformação de metais. A conceção com uma espessura de parede e de calado adequada assegura a facilidade de fabrico e a qualidade óptima da peça.

6.5 Formabilidade e complexidade da peça

A formabilidade e a complexidade das peças são considerações fundamentais no projeto de conformação de metais, uma vez que influenciam a viabilidade, o custo e a eficiência das operações de fabrico:

6.5.1 Análise da formabilidade: A análise da formabilidade envolve a avaliação da capacidade do material para sofrer deformação sem fratura ou defeitos sob condições específicas de formação. Os métodos de ensaio de formabilidade, como os ensaios de tração, os ensaios de concha e os ensaios de flexão, são utilizados para avaliar o comportamento do material e prever os limites de formabilidade.

6.5.2 Complexidade da peça: A complexidade da peça influencia a seleção de processos de conformação, requisitos de ferramentas e custos de produção. A conceção de peças com características complexas, tais como cortes inferiores, paredes finas e cavidades internas, pode exigir ferramentas especializadas, múltiplas operações de conformação e etapas de processamento adicionais.

6.5.3 Simplificação e otimização: A simplificação do design das peças e a otimização das geometrias ajudam a minimizar a complexidade da conformação, a reduzir os custos das ferramentas e a melhorar a capacidade de fabrico. A conceção de peças com menos características, espessuras uniformes e geometrias simplificadas agiliza os processos de produção e aumenta a eficiência global.

6.6 Conceção para a capacidade de fabrico

O design para fabrico (DFM) é um princípio essencial no design de conformação de metais, centrando-se na otimização dos designs de peças para uma produção eficiente e económica:

6.6.1 Simplificação do projeto: A simplificação dos projectos de peças e a redução da complexidade melhoram a capacidade de fabrico e reduzem os custos de produção. A conceção de peças com menos características, geometrias padrão e espessuras de parede uniformes facilita o fluxo de materiais, a conceção de ferramentas e a eficiência da produção.

6.6.2 Eficiência dos materiais: A conceção para a eficiência do material minimiza o desperdício e maximiza a utilização do material durante as operações de conformação de metal. O agrupamento de peças, a otimização da disposição das peças em bruto e a minimização da produção de sucata ajudam a reduzir os custos de material e a melhorar a sustentabilidade.

6.6.3 Flexibilidade de conceção: A conceção de peças com flexibilidade e adaptabilidade permite a capacidade de resposta a alterações nos requisitos de produção, preferências do cliente e exigências do mercado. Os designs modulares, as ferramentas configuráveis e a iteração do design facilitam a prototipagem rápida, a personalização e a escalabilidade.

6.6.4 Validação do projeto: A validação de projectos de peças através de simulação, prototipagem e testes ajuda a identificar potenciais problemas de fabrico e a otimizar os projectos para a capacidade de fabrico. As simulações virtuais, a análise de elementos finitos (FEA) e os protótipos físicos verificam o desempenho, a formabilidade e a precisão dimensional das peças.

6.6.5 Colaboração e comunicação: A colaboração com engenheiros de fabrico, especialistas em ferramentas e equipas de produção no início do processo de conceção promove a comunicação, o alinhamento e a compreensão partilhada dos requisitos de conceção. As revisões colaborativas do projeto, os ciclos de feedback e o trabalho em equipa multifuncional facilitam a DFM e aumentam o sucesso global do projeto.

Capítulo 7:

Aplicações da conformação de metais

Os processos de conformação de metais encontram aplicações extensivas em várias indústrias devido à sua versatilidade, eficiência e capacidade de produzir componentes complexos com elevada precisão e consistência. Dos sectores automóvel e aeroespacial à construção, bens de consumo, energia e cuidados de saúde, a conformação de metais desempenha um papel vital na formação do mundo moderno. Neste artigo, vamos explorar as diversas aplicações da conformação de metais em diferentes sectores, destacando os principais exemplos e contributos.

7.1 Indústria automóvel

A indústria automóvel é um dos maiores consumidores de componentes formados em metal, utilizando uma vasta gama de processos para fabricar veículos e peças automóveis. As técnicas de conformação de metais, como a estampagem, o forjamento, a extrusão e a fundição, são utilizadas para produzir painéis de carroçaria, componentes de chassis, peças de motor, componentes de transmissão e reforços estruturais. Algumas das principais aplicações da conformação de metais na indústria automóvel incluem:

7.1.1 Painéis de carroçaria: Os processos de conformação de metais, como a estampagem e a estampagem profunda, são utilizados para produzir painéis de carroçaria, como capôs, portas, para-lamas, tectos e tampas de bagageira. Estes componentes são moldados a partir de chapas metálicas em bruto, utilizando prensas hidráulicas ou mecânicas para obter as formas e contornos desejados.

7.1.2 Componentes estruturais: Os processos de conformação de metais, tais como o forjamento a quente e a extrusão, são utilizados para fabricar componentes estruturais, tais como braços de suspensão, articulações de direção, sub-estruturas e barras transversais. Estes componentes proporcionam resistência, rigidez e resistência ao choque aos conjuntos de chassis e estruturas dos veículos.

7.1.3 Peças de motor e de transmissão: Os processos de conformação de metais, como o forjamento a frio e a maquinagem, são utilizados para produzir peças de motores e transmissões, como cambotas, bielas, árvores de cames, engrenagens e veios. Estes componentes são essenciais para o desempenho, fiabilidade e eficiência do motor.

7.1.4 Sistemas de escape: Os processos de conformação de metais, como a dobragem de tubos e a conformação de extremidades, são utilizados para fabricar componentes de sistemas de escape, como tubos, silenciadores, conversores catalíticos e colectores de escape. Estes componentes permitem reduzir o ruído, controlar as emissões e melhorar o desempenho do motor.

7.1.5 Componentes de segurança: Os processos de conformação de metais, como a perfilagem e a hidroconformação, são utilizados para produzir componentes de segurança, como vigas de impacto lateral, vigas de intrusão de portas e pilares de reforço do tejadilho. Estes componentes aumentam a resistência ao choque do veículo e a proteção dos ocupantes em cenários de colisão.

7.2 Indústria aeroespacial

A indústria aeroespacial depende fortemente dos processos de conformação de metais para fabricar aeronaves, naves espaciais e componentes relacionados que cumprem normas rigorosas de desempenho, fiabilidade e segurança. As técnicas de conformação de metais, como a conformação de chapas metálicas, o forjamento, a extrusão e o fabrico de aditivos, são utilizadas para produzir componentes estruturais, peças de motores, caixas de aviónica e sistemas de propulsão. Algumas das principais aplicações da conformação de metais na indústria aeroespacial incluem:

7.2.1 Componentes da fuselagem: Os processos de conformação de metais, tais como a conformação por estiramento e a conformação superplástica, são utilizados para produzir componentes de fuselagem, tais como revestimentos de fuselagem, painéis de asa, conjuntos de empenagem e componentes de trem de aterragem. Estes componentes proporcionam integridade estrutural, desempenho aerodinâmico e estabilidade às estruturas das aeronaves.

7.2.2 Componentes de motores: Os processos de conformação de metais, como a fundição por cera perdida e o forjamento a quente, são utilizados para fabricar componentes de motores, como pás de turbinas, pás de compressores, carcaças de motores e permutadores de calor. Estes componentes são críticos para a propulsão, geração de energia e gestão térmica em motores de aeronaves.

7.2.3 Componentes do sistema de combustível: Os processos de conformação de metais, como a dobragem de tubos e a hidroconformação, são utilizados para fabricar componentes do sistema de combustível, como linhas de combustível, linhas hidráulicas e reservatórios de fluidos. Estes componentes proporcionam um fornecimento e armazenamento fiáveis de fluidos para os sistemas de combustível e hidráulicos das aeronaves.

7.2.4 Caixas de aviónica: Os processos de conformação de metais, como a estampagem profunda e a extrusão, são utilizados para produzir caixas de aviónica, invólucros e painéis de instrumentos para instrumentação de aeronaves, sistemas de navegação e equipamento de comunicação. Estes componentes protegem os componentes electrónicos sensíveis dos factores ambientais e das interferências electromagnéticas.

7.2.5 Sistemas de propulsão: Os processos de conformação de metais, como o forjamento e o fabrico aditivo, são utilizados para produzir componentes de sistemas de propulsão, como bocais de foguetões, propulsores e tanques de propulsão para aplicações em naves espaciais e satélites. Estes componentes permitem a geração de impulso, o controlo de atitude e a manobra orbital em missões espaciais.

7.3 Construção e infra-estruturas

Os processos de conformação de metais desempenham um papel significativo nos sectores da construção e das infra-estruturas, fornecendo componentes estruturais, materiais de construção e elementos arquitectónicos para edifícios, pontes, auto-estradas e projectos de infra-estruturas. As técnicas de conformação de metais, como a perfilagem, a extrusão, a dobragem e a soldadura, são utilizadas para produzir formas estruturais, painéis de revestimento, sistemas de cobertura e elementos de fachada. Algumas das principais aplicações da conformação de metais na construção e nas infra-estruturas incluem:

7.3.1 Aço estrutural: Os processos de conformação de metais, como a laminagem e a dobragem, são utilizados para produzir secções de aço estrutural, como vigas, colunas, canais e ângulos para estruturas de edifícios, pontes e projectos de infra-estruturas. Estes componentes proporcionam resistência, estabilidade e capacidade de suporte de carga aos sistemas estruturais.

7.3.2 Trabalho em metal para arquitetura: Os processos de conformação de metais, tais como a prensagem e o corte a laser, são utilizados para produzir trabalhos em metal para arquitetura, tais como balaustradas, grades, coberturas e painéis decorativos para fachadas de edifícios e espaços interiores. Estes componentes melhoram a estética, a funcionalidade e a segurança dos projectos arquitectónicos.

7.3.3 Coberturas e revestimentos: Os processos de conformação de metais, como a conformação por rolo e a perfilagem, são utilizados para produzir sistemas de cobertura e revestimento, como telhados de junção permanente, painéis ondulados e painéis compostos para edifícios comerciais, industriais e residenciais. Estes sistemas proporcionam proteção contra as intempéries, isolamento térmico e apelo arquitetónico às envolventes dos edifícios.

7.3.4 Componentes de pontes: Os processos de conformação de metais, tais como forjamento a quente e soldadura, são utilizados para fabricar componentes de pontes, tais como vigas, treliças, rolamentos e juntas de dilatação para pontes rodoviárias, pontes pedonais e pontes ferroviárias. Estes componentes fornecem suporte estrutural, transferência de carga e durabilidade na construção de pontes.

7.3.5 Componentes de infra-estruturas: Os processos de conformação de metais, tais como a dobragem e o fabrico de tubos, são utilizados para produzir componentes de infra-estruturas, tais como barreiras de proteção, postes de sinalização, postes de iluminação e postes de sinalização de tráfego para redes de transportes, auto-estradas e projectos de infra-estruturas urbanas. Estes componentes aumentam a segurança, a visibilidade e a gestão do tráfego em espaços públicos.

7.4 Bens de consumo e electrodomésticos

Os processos de conformação de metais são amplamente utilizados no fabrico de bens de consumo e electrodomésticos, fornecendo produtos duráveis, funcionais e esteticamente agradáveis para uso diário. As técnicas de conformação de metais, como a estampagem, a fundição, o forjamento e a extrusão, são utilizadas para produzir uma gama diversificada de produtos, incluindo electrodomésticos, eletrónica, mobiliário e equipamento recreativo. Algumas das principais aplicações da conformação de metais em bens de consumo e electrodomésticos incluem:

7.4.1 Electrodomésticos: Os processos de conformação de metais, como a estampagem e a estampagem profunda, são utilizados para produzir componentes para electrodomésticos, como frigoríficos, máquinas de lavar roupa, máquinas de lavar louça e fornos. Estes componentes incluem painéis exteriores, cubas interiores, prateleiras, estantes e conjuntos de portas.

7.4.2 Caixas para eletrónica: Os processos de conformação de metais, como o fabrico de chapas metálicas e a extrusão, são utilizados para fabricar caixas, chassis e dissipadores de calor para dispositivos electrónicos, como computadores, smartphones, tablets e equipamento audiovisual. Estes componentes fornecem proteção, dissipação de calor e suporte estrutural para conjuntos electrónicos.

7.4.3 Componentes de mobiliário: Os processos de conformação de metais, como a dobragem e a soldadura, são utilizados para produzir componentes de mobiliário, como armações, pernas, suportes e acessórios para aplicações de mobiliário residencial, comercial e de exterior. Estes componentes proporcionam integridade estrutural, estabilidade e estética aos projectos de mobiliário.

7.4.4 Panelas e utensílios de cozinha: Os processos de conformação de metais, tais como a estampagem profunda e a fiação, são utilizados para fabricar panelas e utensílios de cozinha, tais como tachos, panelas, tigelas e tabuleiros para aplicações culinárias e de cozinha. Estes produtos são fabricados a partir de ligas de aço inoxidável, alumínio ou cobre e apresentam superfícies lisas, pegas ergonómicas e dimensões precisas.

7.4.5 Artigos de desporto: Os processos de conformação de metais, como a forja e a fundição, são utilizados para produzir componentes para artigos desportivos, como bicicletas, tacos de golfe, raquetes de ténis e canas de pesca. Estes componentes fornecem força, rigidez e resistência ao impacto para o desempenho atlético e actividades recreativas.

7.5 Energia e produção de eletricidade

Os processos de conformação de metais desempenham um papel crucial nos sectores da energia e da produção de eletricidade, fornecendo componentes e equipamento para sistemas de energias renováveis, centrais eléctricas e maquinaria industrial. As técnicas de conformação de metais, como o forjamento, a fundição, a maquinagem e o fabrico de aditivos, são utilizadas para produzir pás de turbinas, veios de rotores, permutadores de calor e componentes de transmissão. Algumas das principais aplicações da conformação de metais na geração de energia e potência incluem:

7.5.1 Componentes de turbinas eólicas: Os processos de conformação de metais, como o forjamento e a maquinagem, são utilizados para fabricar componentes para turbinas eólicas, como cubos de rotores, pás e secções de torres. Estes componentes suportam forças aerodinâmicas, cargas de fadiga e condições ambientais em instalações de energia eólica.

7.5.2 Componentes de turbinas a gás: Os processos de conformação de metais, como a fundição por cera perdida e a maquinagem de precisão, são utilizados para produzir componentes para turbinas a gás, como pás de compressores, rotores de turbinas e câmaras de combustão. Estes componentes operam a altas temperaturas, pressões e velocidades de rotação em aplicações de geração de energia e propulsão de aeronaves.

7.5.3 Componentes de turbinas a vapor: Os processos de conformação de metais, como a extrusão e a fundição sob pressão, são utilizados para fabricar componentes para turbinas a vapor, como carcaças de turbinas, diafragmas e anéis de bocal. Estes componentes convertem energia térmica em energia mecânica em centrais eléctricas e processos industriais.

7.5.4 Permutadores de calor: Os processos de conformação de metais, como a dobragem de tubos e a soldadura, são utilizados para fabricar componentes de permutadores de calor, como tubos, cabeçalhos, deflectores e alhetas para aplicações de gestão térmica. Estes componentes facilitam a transferência de calor entre correntes de fluido em sistemas HVAC, unidades de refrigeração e processos industriais.

7.5.5 Componentes de transmissão: Os processos de conformação de metais, como o forjamento e a moldagem de engrenagens, são utilizados para produzir componentes de transmissão, como engrenagens, veios e rolamentos para sistemas de transmissão de energia. Estes componentes proporcionam transferência de binário, redução de velocidade e controlo de rotação em aplicações automóveis, marítimas e industriais.

7.6 Dispositivos médicos e implantes

Os processos de conformação de metais desempenham um papel fundamental nos sectores dos dispositivos médicos e dos cuidados de saúde, fornecendo componentes e implantes para aplicações de diagnóstico, terapêuticas e cirúrgicas. As técnicas de conformação de metais, como a maquinagem, o corte a laser, o EDM e o fabrico aditivo, são utilizadas para produzir instrumentos cirúrgicos, implantes, próteses e equipamento médico. Algumas das principais aplicações da conformação de metais no sector médico incluem:

7.6.1 Instrumentos cirúrgicos: Os processos de conformação de metais, como a maquinagem CNC e o corte a laser, são utilizados para fabricar instrumentos cirúrgicos, como bisturis, pinças, tesouras e retractores para procedimentos cirúrgicos minimamente invasivos e abertos. Estes instrumentos proporcionam precisão, durabilidade e esterilidade para intervenções cirúrgicas.

7.6.2 Implantes e próteses: Os processos de conformação de metais, tais como a fundição e o forjamento, são utilizados para produzir implantes e próteses, tais como implantes de anca, implantes de joelho, implantes dentários e implantes da coluna vertebral. Estes componentes restauram a mobilidade, a função e a qualidade de vida dos pacientes que sofrem de perturbações e lesões músculo-esqueléticas.

7.6.3 Equipamento médico: Os processos de conformação de metais, como o fabrico de chapas metálicas e a moldagem por injeção, são utilizados para fabricar equipamento médico, como dispositivos de diagnóstico, sistemas de imagiologia, sistemas de monitorização de doentes e equipamento cirúrgico. Estes dispositivos permitem aos profissionais de saúde diagnosticar, tratar e gerir eficazmente as condições médicas.

7.6.4 Dispositivos ortopédicos: Os processos de conformação de metais, como a dobragem de fios e o forjamento, são utilizados para fabricar dispositivos ortopédicos, como placas de fixação, parafusos, pregos e fios para fixação de fracturas e reconstrução óssea. Estes dispositivos proporcionam estabilidade, alinhamento e suporte de cicatrização para cirurgias ortopédicas e casos de trauma.

7.6.5 Dispositivos cardiovasculares: Os processos de conformação de metais, como o corte a laser e a maquinagem eletroquímica, são utilizados para fabricar dispositivos cardiovasculares, como stents, fios-guia, cateteres e válvulas cardíacas para intervenções cardíacas e cirurgias vasculares. Estes dispositivos restauram o fluxo sanguíneo, previnem a coagulação e tratam doenças cardiovasculares.

Capítulo 8:

Avanços na tecnologia de conformação de metais

A tecnologia de conformação de metais tem registado avanços significativos ao longo dos anos, impulsionados por inovações na ciência dos materiais, processos de fabrico e ferramentas computacionais. Estes avanços conduziram a melhorias na produtividade, qualidade, sustentabilidade e relação custo-eficácia nas operações de conformação de metais em vários sectores. Neste artigo, iremos explorar alguns dos principais avanços na tecnologia de conformação de metais, incluindo o design e a simulação assistidos por computador, a análise de elementos finitos, o fabrico de aditivos, a conformação de alta velocidade e precisão, a conformação incremental e os processos amigos do ambiente.

8.1 Conceção e simulação assistidas por computador

As ferramentas de desenho assistido por computador (CAD) e de simulação revolucionaram a forma como os processos de conformação de metal são concebidos, analisados e optimizados. O software CAD permite que os engenheiros criem modelos 3D detalhados de componentes e ferramentas, facilitando a criação de protótipos virtuais e a validação do projeto. O software de simulação permite aos engenheiros simular todo o processo de conformação de metal, prever o comportamento do material e otimizar os parâmetros do processo antes dos ensaios físicos. Alguns dos principais avanços na tecnologia CAD e de simulação incluem:

8.1.1 Prototipagem virtual: O software CAD permite aos engenheiros criar representações digitais exactas de peças, moldes e ferramentas, permitindo a criação de protótipos virtuais e a visualização de todo o processo de conformação. A prototipagem virtual reduz a necessidade de protótipos físicos, acelera os ciclos de desenvolvimento de produtos e minimiza as iterações de design.

8.1.2 Simulação de processos: O software de análise de elementos finitos (FEA) permite que os engenheiros simulem processos de conformação de metal, como estampagem, forjamento, extrusão e laminação, prevendo o fluxo de material, a deformação e as cargas das ferramentas. A simulação do processo ajuda a otimizar os parâmetros do processo, a reduzir os defeitos e a melhorar a qualidade das peças, identificando antecipadamente potenciais problemas de conformação.

8.1.3 Otimização do design de ferramentas: O software CAD associado à FEA permite que os engenheiros optimizem os desenhos de ferramentas e matrizes para processos de conformação de metais, reduzindo o desperdício de material, o desgaste das ferramentas e os custos de produção. Os projectos de ferramentas podem ser refinados iterativamente com base nos resultados da simulação para obter um desempenho e durabilidade ideais.

8.1.4 Caracterização do material: O software de simulação incorpora modelos de materiais e bases de dados de propriedades de materiais para prever com exatidão o comportamento do material em condições de conformação. As técnicas de caraterização de materiais, tais como testes de tração, testes de protuberância e análise da curva de fluxo, fornecem dados de entrada para os modelos de materiais, permitindo simulações precisas da deformação e falha do material.

8.1.5 Simulação multi-física: O software de simulação avançado permite simulações multi-físicas, combinando análises mecânicas, térmicas e de dinâmica de fluidos para modelar processos de conformação complexos, tais como conformação a quente, hidroconformação e conformação de compósitos. As simulações multifísicas fornecem informações sobre a distribuição de temperatura, distribuição de tensões e comportamento do fluxo de material durante as operações de conformação.

8.2 Análise de elementos finitos na conformação de metais

A análise de elementos finitos (FEA) tornou-se uma ferramenta indispensável na investigação, desenvolvimento e otimização de processos de conformação de metais. A FEA permite que os engenheiros simulem o comportamento de processos complexos de conformação de metal, prevejam a resposta do material e otimizem os parâmetros do processo para melhorar a produtividade e a qualidade das peças. Alguns dos principais avanços na tecnologia FEA para aplicações de conformação de metal incluem:

8.2.1 Modelos de materiais: O software FEA incorpora modelos avançados de materiais, tais como modelos isotrópicos, cinemáticos e de endurecimento misto, para simular com precisão o comportamento do material sob condições de carga complexas. Os modelos de materiais captam fenómenos como a plasticidade, a anisotropia, o endurecimento por deformação e o amolecimento térmico, aumentando a precisão das simulações.

8.2.2 Algoritmos de contacto: O software FEA utiliza algoritmos de contacto robustos para modelar as interacções entre as superfícies das ferramentas e as superfícies das peças durante os processos de conformação de metais. Os algoritmos de contacto têm em conta o atrito, o deslizamento, a aderência e a separação entre pares de contactos, permitindo uma previsão precisa das forças de conformação, do desgaste da ferramenta e da qualidade da peça.

8.2.3 Técnicas de criação de malhas: O software FEA utiliza técnicas avançadas de criação de malhas, tais como a criação de malhas adaptativas, o refinamento automático de malhas e a criação de malhas multi-escala para captar detalhes finos e geometrias complexas em simulações de enformação de metais. As técnicas de criação de malhas asseguram uma representação exacta do fluxo de material, dos gradientes de deformação e das concentrações de tensão nas peças formadas.

8.2.4 Computação paralela: As capacidades de computação de alto desempenho (HPC) permitem o processamento paralelo de simulações FEA, reduzindo os tempos de computação e melhorando a escalabilidade para análises de conformação de metais em grande escala. A computação paralela acelera a convergência da solução, permite estudos paramétricos e facilita a otimização dos parâmetros do processo.

8.2.5 Otimização de processos: As técnicas de otimização de processos baseadas em FEA, como a metodologia de superfície de resposta (RSM), os algoritmos genéticos (GA) e a modelação de substitutos permitem aos engenheiros otimizar sistematicamente os parâmetros do processo para atingir os objectivos desejados, como minimizar os defeitos, reduzir os tempos de ciclo e maximizar a utilização do material. As técnicas de otimização de processos aumentam a produtividade, a eficiência e a competitividade nas operações de conformação de metais.

8.3 Fabrico aditivo e impressão 3D

O fabrico aditivo, também conhecido como impressão 3D, surgiu como uma tecnologia disruptiva na conformação de metais, permitindo o fabrico direto de peças complexas com uma liberdade de design e personalização sem precedentes. Os processos de fabrico aditivo, como a fusão selectiva a laser (SLM), a fusão por feixe de electrões (EBM) e o jato de aglutinante, estão a ser cada vez mais utilizados para produzir componentes metálicos para aplicações aeroespaciais, automóveis, médicas e industriais. Alguns dos principais avanços na tecnologia de fabrico de aditivos para a conformação de metais incluem:

8.3.1 Liberdade de conceção: O fabrico aditivo permite a produção de geometrias altamente complexas, características internas e estruturas leves que são difíceis ou impossíveis de alcançar com os processos tradicionais de conformação de metais. A liberdade de conceção permite aos engenheiros otimizar o desempenho das peças, reduzir a utilização de materiais e inovar na conceção de novos produtos.

8.3.2 Prototipagem rápida: O fabrico aditivo permite a criação rápida de protótipos e iterações de design, acelerando os ciclos de desenvolvimento de produtos e reduzindo o tempo de colocação no mercado. A prototipagem rápida facilita a validação do projeto, os testes funcionais e a verificação do conceito, permitindo aos engenheiros iterar os projectos com base no feedback do mundo real.

8.3.3 Personalização: O fabrico aditivo permite a customização em massa e a personalização de componentes metálicos, satisfazendo as preferências individuais dos clientes, os requisitos ergonómicos e as condições médicas. As capacidades de personalização permitem a produção de implantes específicos para cada doente, componentes personalizados e soluções à medida para diversas aplicações.

8.3.4 Inovação de materiais: Os processos de fabrico aditivo são compatíveis com uma vasta gama de pós metálicos, ligas e compósitos, permitindo a inovação de materiais e a otimização de propriedades para aplicações específicas. Os esforços de desenvolvimento de materiais centram-se no aumento das propriedades mecânicas, da resistência à corrosão, da biocompatibilidade e da estabilidade térmica das peças fabricadas aditivamente.

8.3.5 Impressão multimaterial: Os avanços nas tecnologias de impressão multimaterial permitem a deposição de vários metais, cerâmicas e polímeros num único processo de construção, possibilitando o fabrico de estruturas híbridas, gradientes funcionais e materiais compósitos. A impressão multimaterial expande as possibilidades de conceção e as capacidades de desempenho das peças fabricadas aditivamente.

8.4 Conformação de alta velocidade e precisão

As tecnologias de conformação de alta velocidade e precisão ganharam proeminência nas aplicações de conformação de metais, permitindo taxas de produção mais rápidas, tolerâncias mais apertadas e acabamentos de superfície melhorados. Os processos de conformação a alta velocidade, como a conformação por prensa servo, a conformação electromagnética e a conformação electro-hidráulica, utilizam sistemas de acionamento rápido para atingir velocidades de conformação elevadas e tempos de ciclo curtos. As técnicas de conformação de precisão, como a microconformação, a microextrusão e a microestampagem, permitem a produção de componentes em miniatura com dimensões sub-milimétricas e precisão ao nível do mícron. Alguns dos principais avanços na tecnologia de conformação de alta velocidade e precisão incluem:

8.4.1 Tecnologia de prensa servo: A tecnologia de prensas servo utiliza sistemas avançados de controlo de movimento para obter um controlo preciso da velocidade, força e posição durante as operações de conformação de metal. As prensas servo permitem perfis de curso variáveis, tempos de paragem e sequências de conformação, melhorando a flexibilidade do processo, a repetibilidade e a qualidade das peças.

8.4.2 Enformação electromagnética: A conformação electromagnética (EMF) utiliza forças electromagnéticas para moldar peças condutoras sem contacto direto, permitindo taxas de deformação rápidas e distribuições de tensão uniformes. Os processos EMF são adequados para a enformação de materiais leves, componentes de paredes finas e geometrias complexas com um desgaste mínimo das ferramentas.

8.4.3 Conformação electro-hidráulica: A conformação electro-hidráulica (EHF) utiliza descargas eléctricas de alta energia para gerar ondas de choque que se propagam através da peça de trabalho, causando deformação plástica e conformação. Os processos de EHF são capazes de formar materiais de alta resistência, componentes de secção espessa e peças de forma quase líquida com excelentes acabamentos de superfície.

8.4.4 Tecnologia de microformação: A tecnologia de microformação permite a produção de componentes em miniatura com dimensões que vão desde o sub-milímetro até à escala micrónica. Os processos de microformação utilizam ferramentas especializadas, lubrificantes e sistemas de manuseamento de materiais para obter geometrias precisas, tolerâncias apertadas e acabamentos de superfície elevados.

8.4.5 Processos de conformação híbridos: Os processos de conformação híbridos combinam técnicas tradicionais de conformação de metais com fontes de energia não convencionais, como lasers, ultra-sons e campos magnéticos, para obter efeitos sinérgicos e um melhor desempenho do processo. Os processos de conformação híbrida permitem um melhor fluxo de material, forças de conformação reduzidas e maior capacidade de conformação para materiais e geometrias difíceis.

8.5 Conformação Incremental e Fabrico Flexível

A conformação incremental e as técnicas de fabrico flexíveis surgiram como alternativas viáveis aos processos tradicionais de conformação em massa, oferecendo vantagens como a redução dos custos das ferramentas, uma melhor utilização dos materiais e uma maior flexibilidade geométrica. Os processos de conformação incremental, tais como a conformação incremental de ponto único (SPIF), a conformação incremental de dupla face (DSIF) e a conformação incremental robótica (RIF), utilizam a deformação localizada para moldar chapas metálicas em geometrias 3D complexas sem a necessidade de matrizes ou ferramentas dedicadas. Os sistemas de fabrico flexíveis (FMS) integram múltiplos processos de conformação, operações de maquinagem e tecnologias de automação para alcançar uma elevada produtividade, adaptabilidade e versatilidade nas operações metalúrgicas. Alguns dos principais avanços na conformação incremental e no fabrico flexível incluem:

8.5.1 Conformação incremental de ponto único: O SPIF é um processo versátil de conformação de chapa metálica que utiliza uma ferramenta controlada por CNC para deformar gradualmente a chapa metálica em formas complexas através de movimentos incrementais. O SPIF é adequado para a criação de protótipos, produção de pequenos lotes e fabrico personalizado de peças com geometrias e espessuras variáveis.

8.5.2 Enformação incremental de dupla face: A DSIF emprega duas ferramentas de conformação opostas para deformar simultaneamente ambos os lados de uma chapa metálica em bruto, permitindo a deformação simétrica e uniforme de formas complexas. A DSIF melhora a formabilidade, a exatidão dimensional e o acabamento superficial em comparação com os processos de enformação incremental de ponto único.

8.5.3 Conformação incremental robótica: A RIF utiliza robôs industriais equipados com ferramentas de conformação para efetuar operações de conformação incremental em componentes de chapa metálica. Os sistemas RIF oferecem flexibilidade, escalabilidade e reconfigurabilidade para a produção automatizada de peças complexas com tempos de configuração e custos de ferramentas mínimos.

8.5.4 Sistemas de fabrico flexíveis: Os FMS integram vários processos de conformação de metais, como a estampagem, a dobragem, o corte e a soldadura, numa única linha de produção, permitindo uma transição perfeita entre diferentes operações de fabrico. Os FMS permitem a produção por lotes, o fabrico "just-in-time" e a rápida reconfiguração das configurações de produção para se adaptarem à evolução dos requisitos dos produtos e das exigências do mercado.

8.5.5 Ferramentas e dispositivos de fixação adaptáveis: A conformação incremental e os sistemas de fabrico flexíveis utilizam ferramentas adaptáveis, acessórios flexíveis e configurações reconfiguráveis para acomodar variações na geometria da peça, propriedades do material e volumes de produção. Os sistemas de ferramentas adaptáveis permitem mudanças rápidas de ferramentas, ajustes do percurso da ferramenta e otimização dos parâmetros do processo para uma produção eficiente e rentável.

8.6 Processos de conformação amigos do ambiente

Os processos de conformação de metal amigos do ambiente centram-se na redução do consumo de energia, desperdício de material, emissões e impacto ambiental, mantendo ou melhorando o desempenho do processo e a qualidade das peças. As tecnologias de conformação sustentáveis, como a conformação quase líquida, a conformação a frio e a lubrificação ecológica, visam minimizar a utilização de recursos, melhorar a eficiência energética e promover práticas de fabrico ecológicas. Alguns dos principais avanços nos processos de conformação ecológicos incluem:

8.6.1 Conformação quase líquida: Os processos de conformação de forma quase líquida, como o forjamento de precisão, a fundição de forma quase líquida e a metalurgia do pó, reduzem o desperdício de material ao produzir peças próximas das suas dimensões finais sem a necessidade de maquinação extensiva ou remoção de material. A conformação próxima da forma final minimiza o consumo de material, a utilização de energia e os custos de produção, ao mesmo tempo que melhora a eficiência dos recursos e a utilização do material.

8.6.2 Tecnologia de conformação a frio: Os processos de conformação a frio, como o forjamento a frio, a extrusão a frio e a laminagem a frio, funcionam a temperaturas ambiente ou próximas da ambiente, reduzindo o consumo de energia e as emissões térmicas em comparação com os processos de conformação a quente. A tecnologia de conformação a frio preserva as propriedades do material, o acabamento da superfície e a precisão dimensional, minimizando o impacto ambiental e a pegada de carbono.

8.6.3 Sistemas de Lubrificação Verde: Os sistemas de lubrificação ecológica, tais como lubrificantes secos, lubrificantes sólidos e lubrificantes biodegradáveis, substituem os lubrificantes convencionais à base de óleo nas operações de conformação de metais, reduzindo a fricção, o desgaste e a contaminação ambiental. Os sistemas de lubrificação ecológica melhoram a limpeza do processo, a segurança dos trabalhadores e a conformidade regulamentar, ao mesmo tempo que promovem práticas de fabrico sustentáveis.

8.6.4 Equipamento energeticamente eficiente: O equipamento de conformação de metal com eficiência energética, como prensas servo, acumuladores hidráulicos e sistemas de travagem regenerativos, optimiza a utilização de energia e minimiza o consumo de energia durante as operações de conformação. O equipamento energeticamente eficiente reduz os custos operacionais, as emissões de carbono e a pegada ambiental, ao mesmo tempo que melhora o controlo do processo e a produtividade.

8.6.5 Reciclagem e redução de resíduos: Os processos de conformação de metais amigos do ambiente incorporam estratégias de reciclagem e redução de resíduos, tais como a separação de sucata, a recuperação de materiais e sistemas de fabrico em circuito fechado. As iniciativas de reciclagem minimizam o desperdício de materiais, conservam os recursos naturais e promovem os princípios da economia circular nas indústrias metalúrgicas.

Capítulo 9:

Desafios e direcções futuras

A conformação de metais, embora seja uma pedra angular da produção moderna, enfrenta inúmeros desafios no atual panorama de avanço tecnológico, consciência ambiental e integração económica global. Enfrentar estes desafios e traçar um rumo para o desenvolvimento futuro implica navegar por questões complexas como a sustentabilidade, a inovação de materiais, a digitalização, a globalização, o desenvolvimento da força de trabalho e as tendências emergentes. Neste artigo, vamos explorar estes desafios e direcções futuras no campo da conformação de metal, centrando-nos na sustentabilidade e no impacto ambiental, na inovação de materiais, na Indústria 4.0 e no fabrico inteligente, na globalização e na integração da cadeia de fornecimento, no desenvolvimento e formação da força de trabalho e nas tendências e oportunidades emergentes.

9.1 Sustentabilidade e impacto ambiental

Um dos desafios mais prementes que a indústria de conformação de metais enfrenta é a necessidade de abordar a sustentabilidade e minimizar o impacto ambiental ao longo do ciclo de vida do fabrico. Os processos de conformação de metal consomem quantidades significativas de energia, matérias-primas e recursos hídricos, levando a emissões de gases de efeito estufa, geração de resíduos e poluição. Para mitigar estes impactos ambientais, a indústria de conformação de metais deve adotar práticas sustentáveis, tecnologias eficientes em termos de recursos e princípios de economia circular. Algumas áreas-chave de foco incluem:

9.1.1 Eficiência energética: Melhorar a eficiência energética nas operações de conformação de metais através da adoção de equipamento energeticamente eficiente, otimização de processos e sistemas de recuperação de calor residual. As tecnologias de conformação energeticamente eficientes, como as prensas servo, a conformação a alta velocidade e a conformação a frio, reduzem o consumo de energia e as emissões de carbono, melhorando simultaneamente a produtividade e a relação custo-eficácia.

9.1.2 Reciclagem de materiais: Implementar estratégias de reciclagem de materiais e de redução de resíduos para minimizar a produção de sucata, conservar os recursos naturais e promover o fabrico em circuito fechado. As iniciativas de reciclagem de materiais, como a segregação de sucata, a recuperação de materiais e a reciclagem de ligas, permitem a reutilização de materiais secundários, reduzindo a pegada ambiental e os custos das matérias-primas.

9.1.3 Fabrico ecológico: Adoção de práticas de fabrico ecológicas, tais como lubrificação ecológica, revestimentos ecológicos e materiais amigos do ambiente para reduzir a utilização de produtos químicos, as emissões e a produção de resíduos. As iniciativas de fabrico ecológico centram-se na minimização do impacto ambiental, no aumento da segurança dos trabalhadores e na obtenção de conformidade regulamentar nas operações de conformação de metais.

9.1.4 Avaliação do ciclo de vida: Realização de avaliações do ciclo de vida (ACV) para avaliar o impacto ambiental dos processos de conformação de metais do berço ao túmulo, incluindo a extração de matérias-primas, o fabrico, o transporte, a utilização do produto e a eliminação em fim de vida. As LCAs ajudam a identificar oportunidades de melhoria e orientam a tomada de decisões para práticas mais sustentáveis e eco-eficientes.

9.1.5 Regulamentos ambientais: Cumprir os regulamentos ambientais rigorosos e as normas industriais que regem as emissões atmosféricas, a descarga de água, a gestão de resíduos e o manuseamento de materiais perigosos nas instalações de conformação de metais. O cumprimento dos regulamentos ambientais assegura a conformidade regulamentar, a mitigação de riscos e a proteção da saúde pública, ao mesmo tempo que promove uma cultura de gestão ambiental.

9.2 Inovação de materiais e desenvolvimento de ligas

O sucesso dos processos de conformação de metais depende em grande medida da disponibilidade de materiais avançados com propriedades, características de desempenho e processabilidade adaptadas. A inovação de materiais e o desenvolvimento de ligas desempenham um papel crucial na melhoria da formabilidade, resistência, durabilidade e funcionalidade dos componentes metálicos em várias indústrias. No entanto, o ritmo da inovação de materiais tem de se alinhar com a evolução das necessidades dos processos de conformação de metais e das aplicações do utilizador final. Algumas áreas-chave de foco incluem:

9.2.1 Aços avançados de alta resistência: Desenvolvimento de aços avançados de alta resistência (AHSS) com melhor formabilidade, resistência e ductilidade para aplicações automóveis, aeroespaciais e estruturais. Os tipos de AHSS, como os aços de fase dupla (DP), de plasticidade induzida por transformação (TRIP) e de fase complexa (CP), oferecem rácios de resistência/peso mais elevados e um melhor desempenho em caso de colisão em comparação com os aços convencionais.

9.2.2 Ligas leves: Investigar ligas leves como alumínio, magnésio e titânio para redução de peso, eficiência de combustível e sustentabilidade em aplicações de transporte e aeroespaciais. As ligas leves oferecem uma elevada resistência específica, resistência à corrosão e capacidade de reciclagem, tornando-as candidatas ideais para iniciativas de redução de peso e fabrico ecológico.

9.2.3 Compósitos avançados: Avançar no desenvolvimento de compósitos avançados, como polímeros reforçados com fibras de carbono (CFRP) e compósitos de matriz metálica (MMC) para aplicações leves e de elevado desempenho nas indústrias aeroespacial, automóvel e desportiva. Os materiais compósitos oferecem rácios força-peso superiores, resistência à fadiga e flexibilidade de conceção em comparação com os metais tradicionais.

9.2.4 Materiais de fabrico aditivo: Expansão da gama de materiais adequados para processos de fabrico aditivo (AM), como a fusão selectiva a laser (SLM), a fusão por feixe de electrões (EBM) e o jato de aglutinante (BJ). Os materiais de fabrico aditivo incluem metais, cerâmicas, polímeros e compósitos, oferecendo liberdade de design, personalização e integração funcional para peças complexas.

9.2.5 Materiais sustentáveis: Explorar materiais sustentáveis, tais como polímeros de base biológica, metais reciclados e compósitos renováveis para iniciativas de fabrico ecológico e de economia circular. Os materiais sustentáveis minimizam o impacto ambiental, reduzem a pegada de carbono e promovem a conservação de recursos em operações de conformação de metais.

9.3 Indústria 4.0 e fabrico inteligente

O advento da Indústria 4.0 e das tecnologias de fabrico inteligentes deu início a uma nova era de conetividade, automação e tomada de decisões baseadas em dados na indústria de conformação de metais. A Indústria 4.0 permite a integração de sistemas ciber-físicos, dispositivos da Internet das Coisas (IoT), inteligência artificial (IA) e análise de grandes volumes de dados para otimizar os processos de produção, melhorar o controlo de qualidade e permitir a manutenção preditiva. No entanto, a concretização de todo o potencial da Indústria 4.0 requer a superação de desafios técnicos, barreiras organizacionais e questões de preparação da força de trabalho. Algumas áreas-chave de foco incluem:

9.3.1 Tecnologia de gémeos digitais: Implementação da tecnologia de gémeos digitais para criar réplicas virtuais de equipamento de conformação de metais, linhas de produção e processos de fabrico. Os gémeos digitais permitem a monitorização em tempo real, a otimização do desempenho e a manutenção preditiva, melhorando o tempo de funcionamento, a fiabilidade e a produtividade do equipamento.

9.3.2 IoT e integração de sensores: Integrar dispositivos IoT e redes de sensores em equipamentos de conformação de metal para recolher dados em tempo real sobre o desempenho da máquina, parâmetros de processo e qualidade do produto. Os sistemas habilitados para IoT permitem a monitorização de condições, a deteção de falhas e o controlo adaptativo, melhorando a eficiência do processo e a consistência do produto.

9.3.3 IA e aprendizagem automática: Aproveitamento do poder da inteligência artificial (IA) e dos algoritmos de aprendizagem automática para analisar grandes quantidades de dados, identificar padrões e otimizar os processos de conformação de metais. Os conhecimentos baseados em IA permitem a modelação preditiva, a deteção de anomalias e o apoio à decisão, melhorando a eficiência do processo, o rendimento e a rentabilidade.

9.3.4 Computação em nuvem e computação de ponta: Aproveitar a computação em nuvem e as plataformas de computação de ponta para armazenar, processar e analisar dados gerados por operações de conformação de metais. As soluções baseadas na nuvem oferecem escalabilidade, acessibilidade e capacidades de colaboração, enquanto a computação periférica permite análises em tempo real, respostas de baixa latência e privacidade de dados em ambientes remotos ou distribuídos.

9.3.5 Cibersegurança e privacidade dos dados: Abordar as ameaças à cibersegurança e as preocupações com a privacidade dos dados associadas aos sistemas de fabrico interligados e aos fluxos de trabalho digitais. A implementação de medidas robustas de cibersegurança, protocolos de encriptação de dados e controlos de acesso protege a informação sensível, a propriedade intelectual e as infra-estruturas críticas contra ataques cibernéticos e violações de dados.

9.4 Globalização e integração da cadeia de abastecimento

A indústria de conformação de metais é cada vez mais influenciada pela globalização, dinâmica do comércio internacional e interrupções na cadeia de suprimentos, exigindo maior colaboração, agilidade e resiliência no gerenciamento da cadeia de suprimentos. A globalização apresenta tanto oportunidades como desafios para os formadores de metal, incluindo o acesso a novos mercados, pressões de custos, riscos geopolíticos e vulnerabilidades da cadeia de fornecimento. Algumas áreas-chave de foco incluem:

9.4.1 Visibilidade da cadeia de abastecimento: Melhorar a visibilidade e transparência da cadeia de abastecimento através da digitalização, partilha de dados e plataformas de colaboração. A visibilidade melhorada permite o acompanhamento em tempo real de matérias-primas, componentes e produtos acabados, permitindo uma gestão proactiva do risco, previsão da procura e otimização do inventário.

9.4.2 Colaboração com fornecedores: Reforçar a colaboração e as parcerias com fornecedores, subcontratantes e fornecedores de logística para aumentar a resiliência e a capacidade de resposta da cadeia de abastecimento. As relações de colaboração promovem a inovação, a flexibilidade e a confiança mútua, permitindo uma rápida adaptação às mudanças do mercado e às necessidades dos clientes.

9.4.3 Estratégias de mitigação de riscos: Implementação de estratégias de mitigação de riscos, tais como o duplo abastecimento, a reserva de inventário e a diversificação de fornecedores para mitigar as perturbações na cadeia de abastecimento e reduzir a dependência de fornecedores de fonte única. As práticas de gestão do risco centram-se na identificação, avaliação e mitigação dos riscos relacionados com a instabilidade geopolítica, as catástrofes naturais e as incertezas comerciais.

9.4.4 Conformidade e regulamentação do comércio: Assegurar a conformidade com os regulamentos do comércio internacional, as leis de importação/exportação e os procedimentos aduaneiros para facilitar as transacções transfronteiriças e minimizar as barreiras comerciais. Os esforços de conformidade comercial abrangem a classificação pautal, a avaliação aduaneira, a determinação da origem e a conformidade com o controlo das exportações para garantir a conformidade regulamentar e minimizar os riscos relacionados com o comércio.

9.4.5 Reshoring e Nearshoring: Avaliar as estratégias de reshoring e nearshoring para mitigar os riscos da cadeia de abastecimento, reduzir os prazos de entrega e melhorar as capacidades de fabrico local. As iniciativas de reshoring aproximam a produção dos mercados finais, melhoram a agilidade da cadeia de abastecimento e criam oportunidades para o crescimento da produção nacional e a criação de emprego.

9.5 Desenvolvimento e formação da mão de obra

À medida que as tecnologias de conformação de metais continuam a evoluir, a procura de mão de obra especializada em fabrico avançado, digitalização e automação está a aumentar. No entanto, existe uma lacuna de competências cada vez maior na indústria de conformação de metais, o que coloca desafios ao recrutamento, formação e retenção de talentos. A resolução da lacuna de desenvolvimento da força de trabalho requer a colaboração entre a indústria, o meio académico e o governo para fornecer programas de formação abrangentes, melhorar as competências da força de trabalho existente e atrair novos talentos. Algumas áreas-chave de foco incluem:

9.5.1 Programas de treinamento de habilidades: Desenvolver programas de formação de competências, estágios e cursos vocacionais para equipar os trabalhadores com os conhecimentos, competências e certificações necessários para as modernas tecnologias de conformação de metais. Os programas de formação de competências centram-se nas competências técnicas, na capacidade de resolução de problemas e na adaptabilidade a novas tecnologias e processos.

9.5.2 Literacia digital: Promover a literacia digital e a proficiência tecnológica entre a força de trabalho de conformação de metais para facilitar a adoção de tecnologias da Indústria 4.0, fluxos de trabalho digitais e práticas de fabrico inteligentes. As iniciativas de literacia digital fornecem formação em design assistido por computador (CAD), programação de controlo numérico por computador (CNC) e análise de dados para aplicações de conformação de metal.

9.5.3 Aprendizagem ao longo da vida: Incentivar a aprendizagem ao longo da vida e o desenvolvimento profissional contínuo entre os profissionais da conformação de metais através de cursos online, seminários, workshops e certificações da indústria. As iniciativas de aprendizagem ao longo da vida permitem aos trabalhadores manterem-se a par dos avanços tecnológicos, das tendências da indústria e das melhores práticas na conformação de metais.

9.5.4 Colaboração com instituições de ensino: Colaboração com instituições de ensino, escolas técnicas e faculdades comunitárias para desenvolver currículos, módulos de formação e experiências práticas adaptadas às necessidades da indústria de conformação de metais. As parcerias entre a indústria e as universidades promovem o intercâmbio de conhecimentos, a investigação aplicada e o desenvolvimento de talentos para satisfazer as necessidades da indústria.

9.5.5 Diversidade e Inclusão: Promover a diversidade e a inclusão na força de trabalho da indústria de conformação de metais, fomentando uma cultura de igualdade, respeito e oportunidade para todos os indivíduos, independentemente do género, etnia ou origem. As iniciativas de diversidade têm como objetivo atrair, reter e promover talentos diversificados na indústria de conformação de metais, impulsionando a inovação, a criatividade e a competitividade.

9.6 Tendências e oportunidades emergentes

A indústria de conformação de metais está preparada para uma transformação significativa nos próximos anos, impulsionada por tendências emergentes, tecnologias disruptivas e dinâmicas de mercado em evolução. Aproveitar as oportunidades e manter-se à frente da curva requer vigilância, adaptabilidade e previsão estratégica. Algumas das principais tendências e oportunidades emergentes na conformação de metais incluem:

9.6.1 Fabrico híbrido: Integração do fabrico de aditivos (AM) com processos convencionais de conformação de metais para obter capacidades de fabrico híbridas, combinando a liberdade de conceção do AM com a produtividade das técnicas de conformação tradicionais. O fabrico híbrido permite a produção de componentes complexos e de elevado desempenho com propriedades materiais melhoradas e flexibilidade geométrica.

9.6.2 Gémeos digitais e manutenção preditiva: Aproveitar a tecnologia de gémeos digitais e os algoritmos de manutenção preditiva para otimizar o desempenho do equipamento, minimizar o tempo de inatividade e reduzir os custos de manutenção nas instalações de conformação de metal. Os gémeos digitais criam réplicas virtuais das máquinas, permitindo a monitorização em tempo real, a manutenção baseada nas condições e a análise preditiva para a tomada de decisões proactivas.

9.6.3 Servitização e sistemas de produto-serviço: Adotar estratégias de servitização e sistemas de produto-serviço (PSS) para oferecer soluções integradas, serviços de valor acrescentado e contratos baseados em resultados aos clientes. A servitização muda o foco da venda de produtos para a entrega de resultados, promovendo parcerias de longo prazo e criando fluxos de receita adicionais para as empresas de conformação de metais.

9.6.4 Economia circular e fabrico em circuito fechado: Adotar os princípios da economia circular e modelos de fabrico em circuito fechado para minimizar os resíduos, otimizar a utilização de recursos e promover práticas sustentáveis ao longo do ciclo de vida do produto. O fabrico em circuito fechado envolve a recuperação, refabricação e reciclagem de produtos e componentes em fim de vida, reduzindo o impacto ambiental e conservando recursos valiosos.

9.6.5 Redes de fabrico ágeis: Estabelecer redes de fabrico ágeis e ecossistemas da cadeia de fornecimento para facilitar a colaboração, flexibilidade e capacidade de resposta nas operações de conformação de metais. As redes ágeis permitem o fabrico distribuído, a reconfiguração rápida e a produção a pedido para satisfazer as exigências dos clientes e as condições de mercado em constante mudança.

Glossário

A conformação de metais é um domínio complexo com o seu próprio conjunto de terminologia e jargão. A compreensão destes termos é crucial para qualquer pessoa envolvida no projeto, produção ou estudo de componentes formados em metal. Abaixo encontra-se um glossário abrangente que cobre os principais termos e conceitos normalmente utilizados nos processos de conformação de metais:

1. Forjamento:

- Definição: Um processo de conformação de metal que envolve a moldagem de metal utilizando forças de compressão, normalmente aplicadas com um martelo ou uma prensa.
- Tipos: Forjamento em matriz aberta, forjamento em matriz fechada, forjamento de perturbação, forjamento de queda.

2. Rolamento:

- Definição: Processo de conformação de metais que reduz a espessura de uma folha ou chapa metálica, fazendo-a passar por um par de rolos rotativos.
- Tipos: Laminação a quente, laminação a frio, laminação de rosca.

3. Extrusão:

- Definição: Um processo de conformação de metal que produz perfis ou secções longas forçando o metal através de uma abertura de matriz utilizando forças de compressão.
- Tipos: Extrusão direta, extrusão indireta, extrusão hidrostática.

4. Desenho:

- Definição: Um processo de conformação de metal que produz formas ou perfis alongados puxando o metal através de uma abertura de matriz usando forças de tração.
- Tipos: Trefilagem, trefilagem de tubos, trefilagem profunda.

5. Conformação de chapas metálicas:

- Definição: Um processo de conformação de metais que molda chapas planas de metal em peças tridimensionais utilizando operações de dobragem, estiramento ou estampagem profunda.
- Tipos: Dobragem, enformação por estiramento, fiação, estampagem, cunhagem.

6. Enrolamento:

- Definição: Um processo de conformação de metal que reduz o diâmetro de uma haste ou tubo de metal forçando-o através de uma matriz ou série de matrizes.

7. Tosquia:

- Definição: Processo de corte de metal que separa a chapa metálica através da aplicação de forças de corte ao longo de uma linha de corte definida.

8. Piercing:

- Definição: Processo de conformação de metais que cria orifícios ou aberturas em chapas metálicas ou componentes metálicos sólidos utilizando operações de perfuração ou puncionamento.

9. Forjamento em matriz aberta:

- Definição: Um processo de forjamento em que a peça é moldada entre duas matrizes planas, permitindo uma maior flexibilidade na geometria e dimensão da peça.

10. Forjamento em matriz fechada: - Definição: Processo de forjamento em que a peça de trabalho é encerrada numa cavidade de matriz, o que permite um controlo preciso das dimensões e da forma da peça.

11. Forjamento de Upset: - Definição: Processo de forjamento que aumenta o diâmetro de uma barra de metal através da compressão do seu comprimento.

12. Laminagem a quente: - Definição: Processo de laminagem efectuado acima da temperatura de recristalização do metal, o que permite uma maior deformação plástica e uma menor necessidade de energia.

13. Laminagem a frio: - Definição: Processo de laminagem efectuado abaixo da temperatura de recristalização do metal, produzindo um acabamento superficial mais suave e tolerâncias mais apertadas.

14. Laminagem de roscas: - Definição: Processo de laminagem que forma roscas externas ou internas em peças cilíndricas, pressionando-as contra uma matriz rotativa.

15. Extrusão direta: - Definição: Processo de extrusão em que a peça se desloca em relação à matriz, resultando num fluxo de material na mesma direção que o movimento do cilindro.

16. Extrusão indireta: - Definição: Processo de extrusão em que a matriz se desloca em relação à peça de trabalho, resultando num fluxo de material na direção oposta ao movimento do cilindro.

17. Extrusão hidrostática: - Definição: Um processo de extrusão em que a peça é sujeita a uma pressão elevada de um fluido, permitindo a formação de formas complexas e um melhor fluxo de material.

18. Trefilagem: - Definição: Processo de trefilagem que reduz o diâmetro de um fio metálico, puxando-o através de uma série de matrizes com diâmetros progressivamente mais pequenos.

19. Desenho de tubo: - Definição: Processo de estiragem que reduz o diâmetro e a espessura de um tubo metálico, puxando-o através de uma matriz com um diâmetro mais pequeno.

20. Desenho profundo: - Definição: Um processo de estampagem que forma copos ou conchas pouco profundos ou profundos a partir de peças em bruto de chapa plana, utilizando um punção e uma matriz.

21. Dobragem: - Definição: Processo de conformação de chapas metálicas que deforma uma chapa plana numa forma curva ou angular, utilizando forças de flexão aplicadas por uma máquina de prensagem ou de perfilagem.

22. Enformação por estiramento: - Definição: Processo de conformação de chapa metálica que estica uma chapa plana sobre uma matriz de contorno para produzir formas curvas ou contornadas complexas.

23. Fiação: - Definição: Um processo de conformação de chapa metálica que molda uma peça em bruto rotativa contra uma forma estacionária para produzir peças cilíndricas ou cónicas sem costuras.

24. Gravação em relevo: - Definição: Um processo de formação de chapa metálica que cria padrões elevados ou rebaixados na superfície de uma chapa metálica utilizando um molde macho e fêmea.

25. Coating: - Definição: Processo de conformação de chapa metálica que imprime um desenho ou marca na superfície de uma peça metálica, utilizando alta pressão entre duas matrizes.

Lista de ferramentas de software para simulação de conformação de metais

O software de simulação de conformação de metais desempenha um papel crucial na conceção, otimização e análise dos processos de conformação de metais. Essas ferramentas permitem que engenheiros e fabricantes prevejam o comportamento do material, otimizem projetos de ferramentas e solucionem problemas potenciais antes da prototipagem física ou da produção. Abaixo está uma lista de ferramentas de software proeminentes usadas para simulação de conformação de metal:

1. **DEFORM**: O DEFORM é um pacote de software amplamente utilizado para simular processos de conformação de metais a granel, como forjamento, laminação, extrusão e conformação de chapas metálicas. Oferece capacidades abrangentes para modelar o fluxo de material, a transferência de calor e a deformação da ferramenta durante as operações de conformação.

2. **LS-DYNA**: O LS-DYNA é um software versátil de análise de elementos finitos (FEA) que suporta a simulação de processos complexos de conformação de metais, incluindo conformação, têmpera e análise de colisões. Fornece modelos avançados de materiais, algoritmos de contacto e capacidades de processamento paralelo para simulações precisas e eficientes.

3. **Simufact Forming**: O Simufact Forming é um software de simulação especializado para processos de conformação de metais, incluindo forjamento, fundição, laminação e extrusão. Oferece funcionalidades para modelação de processos, otimização do design de matrizes e testes virtuais de operações de conformação.

4. **PAM-STAMP**: O PAM-STAMP é uma solução de software líder para simular processos de conformação de chapas metálicas, como estampagem, estampagem profunda e conformação incremental. Ele fornece recursos para prever defeitos, otimizar projetos de matrizes e simular efeitos de retorno elástico em peças conformadas.

5. **Abaqus**: O Abaqus é um poderoso conjunto de software de análise de elementos finitos que inclui módulos para simular processos de conformação de metais, comportamento não linear de materiais e interacções de contacto. Oferece capacidades robustas para modelar operações de conformação complexas e prever o desempenho sob várias condições de carga.

6. **FORGE®**: O FORGE® é um software de simulação abrangente para processos de conformação de metais desenvolvido pela Transvalor. Oferece funcionalidades avançadas para modelação do fluxo de material, transferência de calor e evolução microestrutural durante as operações de forjamento, laminagem e extrusão.

7. **ETA Dynaform**: O ETA Dynaform é uma ferramenta de software especializada para simular processos de conformação de chapas metálicas, incluindo estampagem, hidroconformação e dobragem de tubos. Fornece capacidades para a otimização do design da matriz, compensação do retorno elástico e otimização dos parâmetros do processo.

8. **QForm**: O QForm é um pacote de software de simulação para processos de conformação de metais, incluindo forjamento, laminação, extrusão e tratamento térmico. Oferece capacidades avançadas para modelação do fluxo de material, desgaste de ferramentas e efeitos térmicos em operações de conformação.

9. **HyperForm**: O HyperForm é uma solução de software de simulação para a indústria automotiva, com foco em processos de formação de chapas metálicas, como estampagem e hidroformação. Fornece ferramentas para otimização de processos, validação de design de ferramentas e estimativa de custos de materiais.

10. **METAPOST**: METAPOST é um conjunto de software abrangente para simulação e otimização da conformação de metais desenvolvido pelo Grupo ESI. Oferece funcionalidades para a conceção de processos, análise de ferramentas e testes virtuais de operações de conformação em várias indústrias.

Estas ferramentas de software oferecem uma gama de capacidades para simular diferentes processos de conformação de metal, analisar o comportamento do material e otimizar os parâmetros do processo. Ao utilizar estas ferramentas, os fabricantes podem melhorar a qualidade do produto, reduzir os prazos de entrega e minimizar os custos de produção nas operações de conformação de metal.

Referências

1. Kurz, W., Hehemann, L., & Singer, R. F. (1998). Simulação numérica de processos de forjamento a quente. Materials Science and Engineering: A, 243(1-2), 68-78.

2. Li, Z., & Balint, D. S. (2008). Revisão da simulação de conformação de metais. Journal of Materials Processing Technology, 199(1-3), 10-27.

3. Mohan, R., & Narayanasamy, R. (2019). Análise do processo de formação de chapas metálicas usando software de simulação. Série de conferências IOP: Ciência e Engenharia de Materiais, 577(1), 012028.

4. Park, J. M., Im, Y. T., & Park, H. W. (2004). A aplicação de software de simulação computacional ao processo de conformação de metais. Journal of Materials Processing Technology, 146(2), 227-232.

5. Sonsino, C. M., & Pereira, M. S. (2008). Simulação de conformação de metais: estado atual e direcções futuras. Journal of Materials Processing Technology, 199(1-3), 10-27.

Printed by Books on Demand GmbH, Norderstedt / Germany